Die neueren
Wandlungen der elektrischen Theorien

einschließlich der Elektronentheorie.

Die neueren Wandlungen der elektrischen Theorien

einschließlich der Elektronentheorie.

Zwei Vorträge

von

Dr. Gustav Holzmüller.

Mit 22 Textfiguren.

Berlin.

Verlag von Julius Springer.

1906.

ISBN-13:978-3-642-89877-8   e-ISBN-13:978-3-642-91734-9
DOI: 10.1007/978-3-642-91734-9

Vorwort.

Den Inhalt zweier in mehreren Bezirksvereinen des Vereines Deutscher Ingenieure gehaltener Vorträge habe ich in Form einer Broschüre kurz zusammengefaßt. Bei diesen handelte es sich darum, in die neueren Anschauungen über elektrische Vorgänge in möglichst einfacher Sprache einzuführen. Aus geschichtlichen Gründen begann ich mit dem allgemeinen Potentialbegriffe für Mechanik, Elektrostatik und Magnetismus. Die zweidimensionalen Probleme führten auf den Begriff des logarithmischen Potentials und dessen physikalische Bedeutungen, die sich auf Bewegungen der Elektrizität in dünnen, leitenden Platten, auf stationäre Wärmeströme und auf das elektromagnetische Feld eines geradlinigen elektrischen Stromes beziehen und auch mit wirbellosen Bewegungen einer idealen Flüssigkeit zusammenhängen. Es folgte ein Überblick über die wichtigsten der jetzt verlassenen Fernwirkungstheorien. Darauf folgten die Lehren der Äthervermittelung, die durch Faraday, Helmholtz, Maxwell und Hertz angebahnt wurden, und bei denen die Helmholtzschen Wirbelbewegungen, die elektromagnetische Lichttheorie und die Hertzschen Wellen eine besondere Rolle spielten. Nur auf die letzteren, über die ich an anderer Stelle berichtet habe, ging ich nicht näher ein; auch ließ ich das aus den Lehrbüchern über Magnetismus allgemein Bekannte in den Hintergrund treten. Dagegen wurde versucht, gerade bei den schwierigsten Forschungen längere Zeit zu verweilen. Den Schluß bildete die Elektronentheorie, für die mir besonders die Arbeiten von Lorentz und Abraham maßgebend erschienen.

Eine Reihe literarischer Bemerkungen ist anhangsweise beigegeben.

Von der Sprache der höheren Analysis wurde nach Möglichkeit Abstand genommen, auch die der Vektoranalyse aus bekannten Gründen vermieden.

Ein Blick auf das Inhaltsverzeichnis wird zeigen, daß sehr viel Lehrstoff auf einen möglichst kleinen Raum zusammengedrängt wurde.

Hagen i. W., im Mai 1906.

Prof. Dr. Holzmüller.

Inhaltsverzeichnis.

A. Das Newtonsche Potential und seine Bedeutung für die kosmische Mechanik und für die Theorien der Elektrostatik, des Magnetismus und des Kraftflusses.

1. Kinetische Energie, Hebungsarbeit und Potential.

In jedem physikalischen Lehrbuche wird gezeigt, daß ein an der Oberfläche der Erde senkrecht nach oben geschleuderter Körper zur Höhe

$$h = \frac{v^2}{2g} \qquad \ldots \ldots \ldots \quad (1)$$

aufsteigt, sobald vom Luftwiderstande abgesehen wird. Hier bedeutet h die Höhe z. B. in Metern, v die Anfangsgeschwindigkeit in Metern für die Sekunde, g die Freifallbeschleunigung an der betreffenden Stelle der Erde, z. B. bei uns $g = 9{,}81$ m. Multipliziert man in Gleichung (1) rechts und links mit dem Gewichte $p = mg$ des Körpers, so geht sie über in

$$ph = \frac{pv^2}{2g} = \frac{p}{g} \cdot \frac{v^2}{2} = \frac{mv^2}{2}.$$

Hier bedeutet ph die infolge der Wucht geleistete Hebungsarbeit A in Meterkilogrammen. Es ist also

$$A = \frac{mv^2}{2} = \frac{p}{g}\,\frac{v^2}{2}, \qquad \ldots \quad \ldots \quad (2)$$

d. h. eine Masse m von der Geschwindigkeit v kann die Arbeit $m\,\dfrac{v^2}{2}$ leisten, oder ein Körper vom Gewichte p und von der Geschwindigkeit v kann die Arbeit $\dfrac{p}{g}\,\dfrac{v^2}{2}$ leisten. Diese Arbeitsfähigkeit A wird als Wucht oder kinetische Energie bezeichnet. Ob diese durch Hebungsarbeit oder auf irgend welche andere Art aufgezehrt wird, ist gleichgültig.

So hat z. B. ein Geschoß von 600 kg Gewicht und 500 m Abschußgeschwindigkeit die Energie $A = \dfrac{600}{9,81} \cdot \dfrac{500^2}{2}$, oder wenn man g angenähert gleich 10 setzt, etwas mehr als 7500000 mkg.

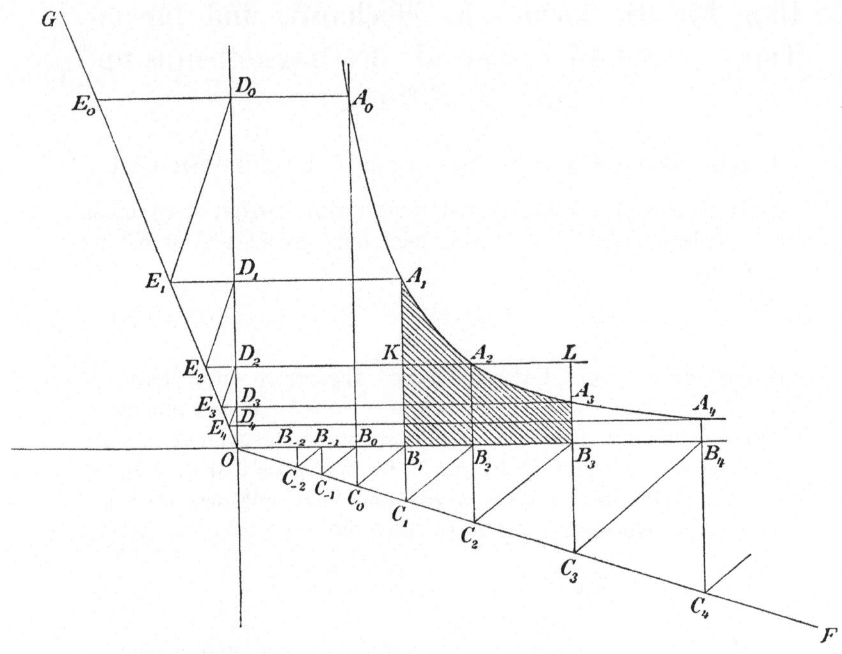

Fig. 1.

Die Höhe, zu der es aufsteigen kann, ist dabei aus Gleichung (1) leicht zu berechnen.

Die Formeln (1) und (2) gelten aber, ganz abgesehen vom Luftwiderstande, nur für geringe Höhen. Ist nämlich an der Erdoberfläche, wenn man von der Zentrifugalkraft absieht, die sich aus der Erdumdrehung ergibt, die Freifallbeschleunigung gleich g, so ist sie, wenn r den Erdradius bedeutet, nach Newtons Gesetz in der Entfernung $2r$ vom Erdmittelpunkte nur der vierte Teil, in der Entfernung $3r$ nur der neunte Teil usw., in unendlicher

Entfernung sinkt sie sogar zur Größe Null herab. Dasselbe gilt vom „Gewichte" p eines Körpers in der Umgebung der Erde. In der Entfernung x vom Erdmittelpunkte ist es kleiner im Verhältnis $r^2 : x^2$, d. h. $p_x = p\,\dfrac{r^2}{x^2}$, sobald nur x größer als r ist.

Denkt man sich x horizontal hingelegt und errichtet man in den Entfernungen $r, 2r, 3r, 4r \ldots$ die Lote $p, \dfrac{p}{4}, \dfrac{p}{9}, \dfrac{p}{16}, \ldots$ so liegen die Endpunkte der Lote auf einer Kurve, der sogenannten Gravitationskurve

$$y = p\,\frac{r^2}{x^2}. \qquad\qquad (3)$$

Die nebenstehende Figur zeigt auch die Konstruktion der Kurve an.

Man kann auch andere Lote einschalten und die Kurve beliebig weit fortsetzen, dann gibt sie für jede Entfernung, die größer als r ist, die Schwerkraft an, die den Körper dort nach der Erde zurückziehen will. Ganz elementar läßt sich zeigen, daß die zwischen der Kurve und der x-Achse liegende Fläche, wenn man sie durch die zu x_1 und x_2 gehörigen Lote begrenzt, den Inhalt

$$\overset{x_2}{\underset{x_1}{F}} = -\left[p\,\frac{r^2}{x_2} - p\,\frac{r^2}{x_1}\right] = pr^2\left[\frac{1}{x_1} - \frac{1}{x_2}\right]$$

$$= pr^2\,\frac{x_2 - x_1}{x_1 x_2} = pr^2 \cdot \frac{h}{x_1 x_2} \qquad\qquad (4)$$

hat.[1]) Liegt x_2 so nahe an x_1, daß h sehr klein ist und $x_1 x_2$ angenähert gleich $x_1{}^2$ gesetzt werden kann, so hat man $\overset{x_2}{\underset{x_1}{F}} = \dfrac{pr^2}{x_1{}^2} \cdot h$. Hier bedeutet $\dfrac{pr^2}{x_1{}^2}$ die Schwerkraft an der Stelle x_1, h einen sehr kleinen Hebungsweg. Das Produkt aus Kraft und Kraftweg ist die Hebungsarbeit, also stellt der Inhalt des schmalen Flächenstreifs sehr genau die kleine Hebungsarbeit dar. Der Inhalt einer Reihe aufeinanderfolgender senkrechter Streifen ist demnach eine graphische Darstellung der gesamten Hebungsarbeiten. Bezeichnet man also die Hebungsarbeit

1*

von einer Stelle x_1 bis zu einer Stelle mit beliebig größerem x_2 durch $\overset{x_2}{\underset{x_1}{A}}$, so ist nach Gleichung (4) die Hebungsarbeit

$$\overset{x_2}{\underset{x_1}{A}} = p\,r^2\,\frac{x_2 - x_1}{x_1\,x_2} = p\,r^2\left[\frac{1}{x_1} - \frac{1}{x_2}\right] \qquad (5)$$

So ist z. B. die Hebungsarbeit für einen Körper vom Gewichte p, der von der Erdoberfläche bis zu unendlicher Entfernung gehoben wird, nicht etwa unendlich groß, sondern nur

$$\overset{\infty}{\underset{r}{A}} = p\,r^2\left[\frac{1}{r} - \frac{1}{\infty}\right] = p\,r^2\left[\frac{1}{r} - 0\right] = p\,r, \qquad (6)$$

oder gleich der Arbeit, die zur Überwindung einer konstanten Kraft p längs des Weges r nötig ist. [Die betreffende Fläche ist also $\overset{\infty}{\underset{r}{F}} = p\,r$.]

Handelt es sich z. B. um die Hebnng eines Kilogrammgewichtes bis zu unendlicher Höhe und setzt man abgerundet

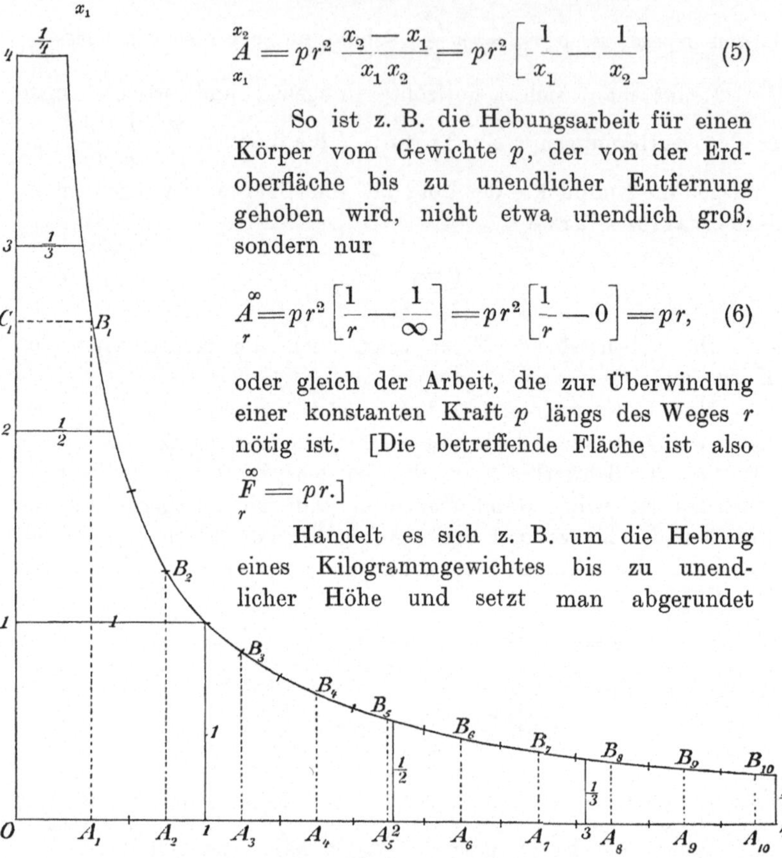

Fig. 2.

den Erdradius gleich 6 400 000 m, so würde es sich um eine Arbeit von 6 400 000 mkg handeln.

Setzt man aber nach Gleichung (2) $\overset{\infty}{\underset{r}{A}} = \dfrac{m\,v^2}{2} = \dfrac{p}{g}\,\dfrac{v^2}{2}$, so folgt aus Gleichung (6) $\dfrac{p}{g}\,\dfrac{v^2}{2} = p\,r$, also ist $\dfrac{v^2}{2g} = r$

oder $\qquad v = \sqrt{2gr} = \sqrt{2 \cdot 9{,}81 \cdot 6\,400\,000} = 11\,206 \text{ m}. \quad . \quad . \quad (7)$

Würde also ein Geschoß mit dieser Abschußgeschwindigkeit senkrecht nach oben geschleudert, so würde es zu unendlicher Höhe emporsteigen. Umgekehrt würde z. B. ein Meteorstein, der frei aus sehr großer Entfernung auf die Erde herabfiele, höchstens die genannte Endgeschwindigkeit erhalten. Vom Luftwiderstande ist stets abgesehen.

[Auf der Sonnenoberfläche ist die Fallbeschleunigung die 28,3 fache, also $28,3 \cdot 9,81$. Der Sonnenradius ist der 112 fache Erdradius, also würde für die Sonne $v = \sqrt{2 \cdot 28,3 \cdot 9,81 \cdot 112 \cdot 6\,400\,000}$ $= 630\,900$ m, oder das Resultat der entsprechenden Aufgabe das mehr als 50 fache vom vorigen sein. Mit dieser Endgeschwindigkeit etwa würden die Meteorsteine auf die Sonne stürzen. Ihre Wucht $\dfrac{p}{g}\dfrac{v^2}{2} = \dfrac{m v^2}{2}$ würde, durch die Zahl 425 dividiert, die Anzahl der Kalorien geben, die sich dabei entwickeln können, fast 50 Millionen für jedes Kilogramm[2]).]

Die Arbeit, welche die Schwerkraft leistet, um eine Masse m aus der Entfernung ∞ in die Entfernung x $(x > r)$ zu bringen, ist von der Größe

$$\overset{x}{\underset{\infty}{A}} = p r^2 \left[\frac{1}{\infty} - \frac{1}{x} \right] = - \frac{p r^2}{x}. \quad \cdots \quad (8)$$

Diesen Ausdruck, der für $p = 1$ in $-\dfrac{r^2}{x}$ übergeht, bezeichnet man als das Potential der Erde (für das betreffende Anziehungsproblem) im Punkte x. Die Lote in beistehender Figur deuten an, wieviel Hebungsarbeit an jeder Stelle zum Fortschaffen bis ins Unendliche nötig sein würde, wenn $p r^2 = 1$ ist.

Umklappung der Figur um die x-Achse würde die Potentialkurve $y = -\dfrac{1}{x}$ geben. Sie ist eine gleichs. Hyperbel.

2. Newtonsches Gesetz. Gravitationskonstante und Potential.

Für das Potential gibt es jedoch noch eine andere Formel. Nach Newton ziehen nämlich zwei homogene kleine Kugeln von den Massen m_1 und m_2, wenn ihre Mittelpunkte die gegenseitige Entfernung r haben, einander an mit der Kraft

$$p = k\,\frac{m_1 m_2}{r^2}, \quad \ldots \ldots \quad (9)$$

wo k eine noch zu bestimmende Konstante ist. Eine auf der Erdkugel liegende kleine Kugel von der Masse m_2 hat dort das Gewicht

$$p = m_2 g = m_2 \cdot 9{,}81.$$

Setzt man dieses p gleich dem vorigen, so erhält man

$$k\,\frac{m_1 m_2}{r^2} = m_2 g,$$

oder

$$k = \frac{m_2 g r^2}{m_1 m_2} = \frac{g r^2}{m_1} = \frac{9{,}81\,r^2}{m_1}.$$

Die Masse m_1 der Erde ist gleich dem Produkte aus dem Rauminhalte und der spezifischen Dichte, die als etwa 5,56 bestimmt worden ist. Also ist jene Konstante

$$k = \frac{9{,}81 \cdot r^2}{\dfrac{4}{3}\,r^3 \pi \cdot 5{,}56} = \frac{3 \cdot 9{,}81}{4\,r \pi \cdot 5{,}56}.$$

Hier ist $4\,r\pi$ das Doppelte vom Erdumfang $2\,r\pi = 40000$ m, also folgt

$$k = \frac{3 \cdot 9{,}81}{80000 \cdot 5{,}56}.$$

Dieser Ausdruck ist etwas zu klein, weil $g = 9{,}81$ m gesetzt ist, während es, wenn man die Zentrifugalkraft vernachlässigt, durch die es verkleinert worden ist, auf etwa 9,8224 erhöht werden muß. Setzt man dies ein, so wird die Konstante

$$k = \frac{3 \cdot 9{,}8224}{80000 \cdot 5{,}56} = \sim 6{,}625 \cdot 10^{-8} \quad . \quad . \quad . \quad (10)$$

Dies ist die übliche Gravitationskonstante für wägbare Massen.

Denkt man sich die eine der obigen Massenkugeln festgehalten, die andere von ihr entfernt, so wird die Kurve, welche die Anziehung in jeder Entfernung x durch ihre Ordinaten darstellt, eine ähnliche Gleichung erhalten, wie die obige, nämlich

$$y = k \frac{m_1 m_2}{x^2} \quad \cdots \cdots \quad (11)$$

Für diese Kurve gilt wieder die Flächenformel (vgl. Gl. 4)

$$\overset{x_2}{\underset{x_1}{F}} = - k \cdot m_1 m_2 \left[\frac{1}{x_2} - \frac{1}{x_1} \right] = k m_1 m_2 \left[\frac{1}{x_1} - \frac{1}{x_2} \right] = k m_1 m_2 \frac{x_2 - x_1}{x_1 x_2}.$$

So ist z. B.

$$\overset{\infty}{\underset{x_1}{F}} = k m_1 m_2 \left[\frac{1}{x_1} - \frac{1}{\infty} \right] = k \frac{m_1 m_2}{x_1},$$

und dies ist wiederum die Arbeit, die nötig ist, um die Mittelpunkte unter Festhaltung der einen Kugel von der Entfernung x_1 auf die gegenseitige Entfernung ∞ zu bringen. Wird umgekehrt die Entfernung dadurch, daß die festgehaltene Kugel die andere anzieht, von ∞ auf x gebracht, so leistet die Schwerkraft die Arbeit

$$\overset{x}{\underset{\infty}{A}} = - k \frac{m_1 m_2}{x}. \quad \cdots \cdots \quad (12)$$

Setzt man für k den obigen Wert

$$\frac{m_2 g r^2}{m_1 m_2}$$

ein, so folgt

$$\overset{x}{\underset{\infty}{A}} = - \frac{m_2 g r^2}{m_1 m_2} \cdot \frac{m_1 m_2}{x} = - \frac{p r^2}{x},$$

was mit Gleichung (8) übereinstimmt.

Das Potential hat also für die gegenseitige Entfernung x der Kugelmittelpunkte auch den Wert

$$U = - k \frac{m_1 m_2}{x}. \quad \cdots \cdots \quad (13)$$

Es bedeutet dabei die soeben erklärte Arbeit der Schwerkraft.

3. Potentialdifferenz, kinetische und potentielle Energie. Gesetz von der Erhaltung der Arbeit.

Ist $U_1 = - k \dfrac{m_1 m_2}{x_1}$ und $U_2 = - k \dfrac{m_1 m_2}{x_2}$, so bedeutet die Potentialdifferenz für die Punkte x_1 und x_2 den Ausdruck für die Arbeit

$$U_1 - U_2 = - k \left[\frac{m_1 m_2}{x_1} - \frac{m_1 m_2}{x_2} \right] = k m_1 m_2 \left[\frac{1}{x_2} - \frac{1}{x_1} \right] \quad (14)$$

Fällt der vom festgehaltenen Körper m_1 angezogene Körper m_2 aus unendlicher Entfernung nach x_1, so erhält er eine Endgeschwindigkeit, die sich bestimmt aus

$$U_1 = - k \frac{m_1 m_2}{x_1} = - \frac{m_2 v_1^2}{2},$$

so daß

$$v_1^2 = \frac{2}{m_2} \cdot \frac{k m_1 m_2}{x_1} = \frac{2 k m_1}{x_1} = \frac{-2 U_1}{m_2}$$

ist. Geht der Fall bis zur Stelle x_2, so wird ebenso

$$v_2^2 = \frac{2 k m_1}{x_2} = \frac{-2 U_2}{m_2}.$$

Danach ist

$$U_1 - U_2 = - \left[\frac{m_2 v_1^2}{2} - \frac{m_2 v_2^2}{2} \right] \quad \cdot \quad \cdot \quad (15)$$

$$= \frac{m_2 v_2^2}{2} - \frac{m_2 v_1^2}{2} = \frac{m_2}{2} (v_2^2 - v_1^2)$$

oder

$$U_1 + \frac{m_2 v_1^2}{2} = U_2 + \frac{m_2 v_2^2}{2}. \quad \cdot \quad \cdot \quad \cdot \quad \cdot \quad (16)$$

Bezeichnet man noch die beiden Ausdrücke für die kinetische Energie mit T_1 und T_2, so folgt

$$U_1 + T_1 = U_2 + T_2 \quad \cdot \quad \cdot \quad \cdot \quad \cdot \quad (17)$$

d. h. der Ausdruck $T + U$ ändert sich bei der Fallbewegung nicht, ebensowenig bei der Wurfbewegung nach oben. Dies ist ein Beispiel zu dem Satze von der Erhaltung der Energie.

Man bezeichnet U_1 zum Unterschiede von T_1 als die potentielle Energie (Energie der Lage), und so findet man den Satz:

$$\text{Es ist } T + U = c,$$

d. h.: Bei der besprochenen Fallbewegung oder Steigbewegung ist die Summe der kinetischen und der potentiellen Energie eine konstante Größe. Nimmt die eine der beiden Größen zu, so nimmt die andere um ebensoviel ab. Potentielle Energie kann sich also in kinetische Energie umsetzen, und umgekehrt kann dasselbe stattfinden.

Bei jeder Wurfbewegung eines kleinen Körpers in bezug auf einen größeren, der fest gedacht ist, gilt dieses Gesetz. Die Gestalt der Wurfbahn ist dabei vollständig gleichgültig. Denn die geleistete Arbeit ist nur von der Vergrößerung oder Verkleinerung der Mittelpunktentfernung abhängig, nicht aber von dem Wege, auf dem die Entfernung geändert wird. Man kennt dies von der Fallbewegung auf schiefer Ebene oder auf krummliniger Bahn her. Man sagt, die Arbeit, bzw. das Potential oder die Potentialdifferenz sei eine Skalargröße, d. h. eine Größe, die nicht von der Richtung der Bewegung abhängt. Arbeiten und Potentialwerte sind daher einfach algebraisch zu summieren, während bei der Addition der Kräfte oder der Vektorgrößen die Winkel, unter denen sie einander schneiden oder kreuzen, berücksichtigt werden müssen, was namentlich im Falle des Kreuzens unbequem ist. Gerade diese Einfachheit ist die Ursache zur Einführung des Potentialbegriffs gewesen. Dies wird sich bei der Untersuchung der durch mehrere Kugeln hervorgebrachten Anziehung als nützlich erweisen.

4. Niveauflächen des Potentials für konstante Potentialdifferenzen.

Soll bei der untersuchten Anziehungsaufgabe die für verschiedene Punkte der Fortbewegungsgeraden geltende Reihe der Potentialwerte eine arithmetische sein, z. B.

$$U_0 = 0,\ U_1 = -1,\ U_2 = -2,\ U_3 = -3,\ U_4 = -4,\ \ldots\ldots,$$

so ergibt sich die Reihe der zugehörigen Radien (Entfernungen x) aus

$$x_0 = \frac{km_1\,m_2}{0},\ x_1 = \frac{km_1\,m_2}{1},\ x_2 = \frac{km_1\,m_2}{2},\ x_3 = \frac{km_1\,m_2}{3},\ x_4 = \frac{km_1\,m_2}{4},\ \ldots$$

so daß diese sich verhalten müssen wie $\infty : 1 : \dfrac{1}{2} : \dfrac{1}{3} : \dfrac{1}{4} : \ldots$

Umgekehrt folgt: Legt man um die Mitte der festgehaltenen Massenkugel Kugelflächen von Durchmessern, die sich verhalten, wie die Zahlen ∞, 1, $\dfrac{1}{2}$, $\dfrac{1}{3}$, $\dfrac{1}{4}$, ..., so hat man von jeder Kugelfläche zur benachbarten

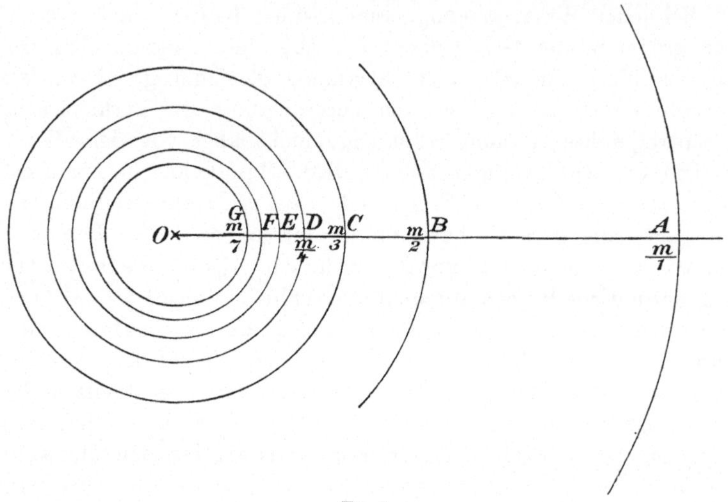

Fig. 3.

größeren für die gehobene Masse stets ein und dieselbe Hebungsarbeit nötig. Je weiter nach außen, um so größer ist der Hebungsweg, weil die zu überwindende Schwerkraft kleiner und kleiner wird.

Diese Hebungsarbeit von jeder Kugelfläche bis zur benachbarten größeren, ist stets dieselbe, wie auch der Hebungsweg gewählt werde, sei er gerad- oder krummlinig. (Vgl. schiefe Ebene.)

Wird für die bewegte Kugel die Hebung durch einen Stoß erzeugt, der ihr eine Geschwindigkeit v_1 in ganz beliebiger Richtung gibt, so bewegt sie sich, wie eine feinere Betrachtung zeigt, in einem Kegelschnitte, in dessen einem Brennpunkte sich der

Mittelpunkt der festgehaltenen Kugel befindet. Dieser Kegelschnitt kann ein Kreis, eine Ellipse, eine Parabel, eine Hyperbel, oder eine gerade Linie sein, welche letztere durch jenen festen Punkt geht. Im Falle der Ellipse hat man das Gesetz der Planetenbewegung, sobald die feste Masse die bewegte derart übertrifft, daß man sie als ruhend betrachten darf. Wird sie nicht festgehalten, so bewegen sich beide Körper um den gemeinsamen Schwerpunkt, der entweder ruht, oder sich mit konstanter Geschwindigkeit geradlinig fortbewegt. Die beiden Ellipsen sind dann ähnlich. In solcher Weise bewegt sich das System zweier Doppelsterne. — Ist die Ellipse ein Kreis, so läßt sich z. B. das dritte Keplersche Gesetz elementar beweisen, nach dem die Quadrate der Umlaufszeiten sich verhalten wie die Kuben der Entfernung. Der Parabelfall kommt zur Geltung, wenn die lange Achse der Ellipse als unendlich groß betrachtet werden darf. Man wendet ihn an für die Mehrzahl der Kometen. Aber auch der Hyperbelfall ist möglich.

Die Reihe der oben genannten Kugelflächen ist ein System von Niveauflächen, d. h. von Flächen konstanten Potentials. Wenn, wie bei der Ellipse, dieselbe Niveaufläche sehr oft passiert wird, so geschieht es stets mit derselben Geschwindigkeit; denn weil U in beiden Fällen dasselbe ist, muß auch T dasselbe sein, also auch v.

Der Kenner der Differentialrechnung sieht sofort, daß (bei festgehaltenen m_1) $U = - \dfrac{k\,m_1\,m_2}{r}$ nach r differenziert, den Ausdruck $p = \dfrac{km\,m_1}{r^2}$ gibt. Dagegen wird die Differenzierung nach x, y, z die Komponeten dieser letzteren Kraft geben. Demnach läßt sich das Potential definieren als die Funktion, die, nach den Koordinaten differenziert, die Komponenten der anziehenden Kraft gibt. Dieses Potential wird auch als **Kräftefunktion** bezeichnet.

Elementar läßt sich beweisen, daß eine homogene Kugel, oder eine aus homogenen konzentrischen Schichten bestehende Kugel, oder eine homogen mit Masse belegte Kugelschale einen außerhalb liegenden Massenpunkt so anzieht, als ob die anziehende Masse im Zentrum vereinigt wäre. Auf die im Innern der Erde geltende Größe soll hier nicht eingegangen werden, (Sie nimmt bis zur Mitte regelmäßig ab und wird zuletzt gleich Null.)

5. Die Potentialfunktion.

Ist man in bezug auf die Wahl der Masseneinheit frei, so kann man die Formeln vereinfachen, indem man $k\,m_2 = 1$ setzt, oder auch $k = 1$ und $m_2 = 1$ macht. Dann verwandelt sich die Formel für die Anziehungskraft in $p = \dfrac{m}{r^2}$, das Potential in $U = -\dfrac{m}{r}$. Im übrigen bleibt alles dasselbe.

Sind mehrere anziehende Massen vorhanden, so werden die vereinfachten Potentialausdrücke nach obigem einfach algebraisch summiert. Sind z. B. m_1 und m_2 fest gedachte anziehende Massen, so wirken sie auf die freie Masseneinheit so, daß das Potential, welches in dieser neuen Form als Potentialfunktion bezeichnet wird, lautet

$$U = -\left[\frac{m_1}{r_1} + \frac{m_2}{r_2}\right] \quad \ldots \ldots \quad (18)$$

Die Flächen konstanten Potentials sind dann von der Gleichung

$$-\left[\frac{m_1}{r_1} + \frac{m_2}{r_2}\right] = c, \quad \ldots \ldots \quad (19)$$

wobei z. B. $c = 0, 1, 2, 3, 4 \ldots$ sein kann. Die Flächen sind Drehungsflächen mit der Verbindungslinie als Achse. Die anziehende Kraft, d. h. die Resultante der Kräfte $\dfrac{m_1}{r_1^{\,2}}$ und $\dfrac{m_2}{r_2^{\,2}}$ ist stets senkrecht gegen die betreffende Niveaufläche gerichtet. Bei drei oder mehr Anziehungsmassen geht im allgemeinen der Charakter als Drehungsflächen verloren.

Wer sich genauer über den Gegenstand unterrichten will, ohne die höhere Mathematik zu beherrschen, findet das Wesentliche in der elementaren Potentialtheorie des Verfassers. Dort wird auch eine ganze Reihe kosmischer Probleme in gemeinverständlicher Form behandelt.

6. Coulombsches Gesetz der Elektrostatik.

Für die Elektrizitätslehre, d. h. für die Elektrostatik, bei der es sich um ruhende elektrische Massen handelt, tritt an Stelle des Newtonschen Gesetzes das Gesetz von Coulomb

$$p = \pm \frac{\mu_1 \cdot \mu_2}{r^2}. \qquad \qquad (20)$$

Je nachdem es sich um ungleichartige, oder um gleichartige Massen handelt, ist $+$ oder $-$ zu wählen. Sind beide Massen gleich groß, so handelt es sich um $p = \pm \frac{\mu_1^2}{r^2}$, und ist $\mu_1 = 1$ und $r = 1$ cm, so wird $\frac{\mu_1^2}{r^2} = \pm 1$. Die Krafteinheit aber ist hier die Kraft, welche in einer Sekunde der wägbaren Masse eines Gramms die Beschleunigung 1 cm geben würde. Diese Kraft ist der 981. Teil der Schwere der ponderablen (wägbaren) Masse des Gramms. Diese Kraft trägt den Namen D y n. Die elektrische Masse μ, welche einer gleich großen Masse μ in der Entfernung 1 cm die Anziehung oder Abstoßung 1 Dyn geben würde, heißt die elektrostatische Masseneinheit (im absoluten Zentimeter - Gramm-Sekunden - System). Die praktische Masseneinheit der Elektrotechnik umfaßt $3 \cdot 10^9$ solcher theoretischer Einheiten und heißt ein **Coulomb**. Durch physikalische Messungen der betreffenden Kräfte sind also diese Einheiten bestimmt.

Nun ist

$$\text{Geschwindigkeit} = \frac{\text{Weglänge}}{\text{Zeit}},$$

also von der Dimension $\frac{l}{t}$ oder $l\,t^{-1}$, wo l eine Länge, t eine Zeit bedeutet. Die Beschleunigung ist eine Geschwindigkeitsänderung für die Sekunde, d. h. z. B. $\frac{v_1 - v_2}{t}$, also von der Dimension $\frac{l\,t^{-1}}{t}$ oder $l\,t^{-2}$. Die Kraft ist gleich Masse mal Beschleunigung, also von der Dimension $m\,(l\,t^{-2})$. Nach obigem ist $\frac{\mu^2}{r^2}$ von der Dimension einer Kraft, also ist μ^2 von der Dimension

$l^2\, m\, l\, t^{-2}$ oder $m\, l^3\, t^{-2}$, also μ von der Dimension $l\, \sqrt{l\, m\, t^{-2}}$ oder $l^{\frac{3}{2}}\, m^{\frac{1}{2}}\, t^{-1}$. Unter Arbeitseinheit versteht man die Überwindung eines Dyn längs des Weges 1 cm. Man bezeichnet sie als Erg.*) Das 10^6 fache heißt Megerg, das 10^7 fache Joule. Die Dimension einer Arbeit ergibt sich aus Kraft mal Weg als $(m\, l\, t^{-2})\, l$ oder $m\, l^2\, t^{-2}$. Das Potential $\pm \dfrac{\mu_1\, \mu_2}{r}$ hat die Dimension $(l^{\frac{3}{2}}\, m^{\frac{1}{2}}\, t^{-1})^2 \dfrac{1}{l} = m\, l^2\, t^{-2}$, es hat also wirklich die Dimension einer Arbeit. (Der Ausdruck $\dfrac{\mu}{r}$, die Potentialfunktion, hat, wenn man von den Dimensionen der darin enthaltenen Einheiten absieht, die Dimension $l^{\frac{1}{2}}\, m^{\frac{1}{2}}\, t^{-1}$.) Unter Leistungsfähigkeit versteht man Arbeit für die Sekunde. Die Dimension dafür ist $m\, l^2\, t^{-3}$. Die Einheit dafür ist das Sekunden-Erg.

Im wesentlichen dasselbe gilt von den Einheiten und Dimensionen des Magnetismus, ebenso von den dazu gehörigen Potentialformeln.

Die Kenntnis der Dimensionen ist insofern wertvoll, als wir nur mit abstrakten Zahlen rechnen und bei den Resultaten genötigt sind, sie zu deuten, d. h. ihre richtigen Benennungen zu finden. (Im Anhange meines Lehrbuches zur elementaren Potentialtheorie sind die Dimensionen ausführlicher besprochen. Die Ingenieure haben die Anregungen, ganz zum absoluten Maßsystem überzugehen, vorläufig ablehnend behandelt, obwohl die Elektrotechnik sie vollständig angenommen hat.)

Die Gesetze für bewegte elektrische Teilchen sind, wie schon jetzt bemerkt werden soll, weit verwickelter, als für die ruhenden. Sie werden unten ausführlicher besprochen.

7. Kraft und Potentialgefälle.

Zunächst sei noch ein wichtiger Punkt besprochen, der vielfache Anwendung findet. Bei dem zuerst besprochenen Anziehungsproblem kann man für eine sehr kleine Hebung ähnlich, wie bei

---

*) Ein Erg ist $= \dfrac{1}{918 \cdot 10^5}$ Meterkilogramm.

den Fallgesetzen für die Nähe der Erdoberfläche, die Kraft als
konstant betrachten. Dann gibt der Satz Kraft mal Kraftweg gleich der geleisteten Arbeit zugleich den Satz

$$\textbf{Kraft mal Kraftweg} = \textbf{Potentialdifferenz,}$$

wo jedoch die Potentialdifferenz als klein anzunehmen ist. Daraus
folgt der Satz:

$$\textbf{Kraft} = \frac{\textbf{Potentialdifferenz}}{\textbf{Kraftweg}} = \textbf{Potentialgefälle,} \quad (21)$$

denn es ist naturgemäß, den Potentialabfall für eine bestimmte
Weglänge als das Gefälle des Potentials zu bezeichnen. All-
gemeiner hätte man zu sagen, daß die Kraft proportional dem
Potentialgefälle für einen kleinen Kraftweg sei, der stets in der
Richtung der Kraft zu messen ist. Es liegt nun nahe, auch die
Größe des Potentials graphisch darzustellen. Dabei handelt es
sich nach .obigem im wesentlichen um eine Kurve von der
Gleichung

$$y = -\frac{c}{x}, \quad . \quad , \quad . \quad . \quad . \quad . \quad (22)$$

wo c irgend eine Konstante ist. Diese Kurve ist eine gleichseitige Hyperbel, und zwar handelt es sich um den Arm dieser
Kurve, der unterhalb der positiven Hälfte der X-Achse liegt. Sie
stellt durch ihre Senkung die Abnahme des Gefälles von $x = \infty$
bis $x - 0$ greifbar dar, und zwar gibt die Neigung der
Tangente an jeder Stelle den Grad des Gefälles an.
Leicht ist elementar zu zeigen, daß die Neigung der Tangente
durch einen Winkel α dargestellt. wird, der sich aus

$$\tan \alpha = \frac{c}{x^2} \quad . \quad . \quad . \quad . \quad . \quad . \quad (23)$$

ergibt. Dem entspricht der Wert $p = \dfrac{c}{x^2}$ für die entsprechende
Kraft. (Der Kenner der Differentialrechnung übersieht sofort, daß

$$\frac{d\left(-\dfrac{c}{x}\right)}{dx} = \frac{c}{x^2}$$

ist, was zu einer früher ausgesprochenen Bemerkung stimmt.)

Denkt man sich die Kurve um die Y-Achse gedreht, so beschreibt sie eine trichterförmige Fläche, welche die Abnahme des Potentials für die XZ-Ebene darstellt. Die Niveaulinien der Fläche sind konzentrische Kreise. Läßt man die Ebenen dieser Kreise unter gleichen Höhenabständen aufeinanderfolgen, wobei man mit der XZ-Ebene beginnen möge, so verhalten sich die Radien der Kreise wie die obigen Zahlen ∞, 1, $\dfrac{1}{2}$, $\dfrac{1}{3}$, $\dfrac{1}{4}$ . . ., wie es oben für die der Niveaukugeln dargestellt wurde.

Die elementaren Beweise für alles bisher Gesagte findet man in dem zitierten Buche des Verfassers.

8. Hydrodynamische Veranschaulichung und Kraftfluß.

Die Zunahme der Anziehungskraft nach einem anziehenden Zentrum hin läßt noch eine einfache physikalische Veranschaulichung zu. Man denke sich die Oberfläche einer der Niveaukugeln z. B. durch Meridiane und Parallelkreise in gleiche Flächenteile eingeteilt. Dies geschieht, indem man einen Durchmesser in gleiche Teile zerlegt und durch die Teilpunkte Normalebenen zu ihm legt. Dadurch erhält man zwischen den entstehenden Parallelkreisen gleichflächige Streifen. Läßt man dann die Meridiane unter gleichen Winkeln aufeinanderfolgen, so hat man jeden Streifen in gleiche Teile zerlegt. Die Anzahl der kleinen rechtwinkligen Flächen, die so entstehen, denke man sich sehr groß. Die Ecken der Flächen verbinde man mit dem Mittelpunkte der Kugel, wodurch die Kanten von vierseitigen Pyramiden entstehen.

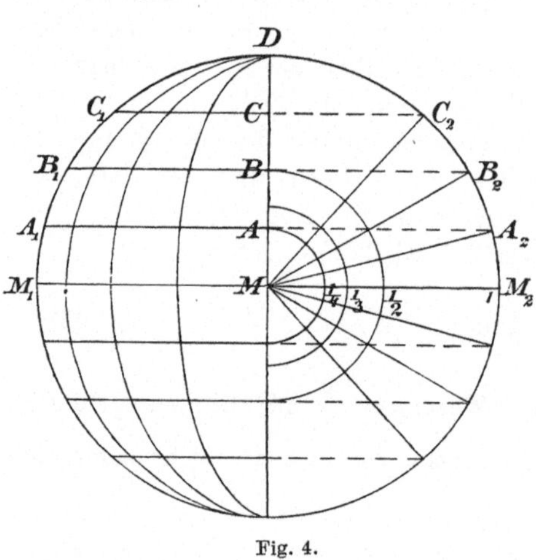

Fig. 4.

Diese denke man sich mit ihren Seitenflächen versehen. Diese Pyramiden denke man sich mit Wasser angefüllt, welches, wie

bei der Erde, nach dem Mittelpunkte der Kugel gezogen werde.
Jetzt stelle man sich vor, mit Hilfe eines Kanals würde das in
der Umgebung des Zentrums befindliche Wasser ausgepumpt, dann
entsteht ein Fließen der gesamten Wassermasse nach dem Zentrum
hin, und zwar kann dabei das Wasser innerhalb der konstruierten
Pyramiden fließen. Geschieht nun das Auspumpen kontinuierlich
in konstanter Weise, so wird die Geschwindigkeit des nach-
fließenden Wassers umgekehrt proportional dem Quadrate der
Entfernung vom Zentrum sein. (Denn die Querschnittsflächen
jeder Pyramide sind proportionel dem Quadrate jener Entfernung,
so daß die Geschwindigkeit umgekehrt proportional dem Quadrate
der Entfernung sein muß.)

Das Gesetz der Geschwindigkeit entspricht also
ganz dem Gesetze der obigen Anziehungskräfte, man hat
also ein physikalisches Bild für die Kraftwirkungen in den Geschwindigkeiten der inkompressiblen Flüssigkeit. Bei großer Anzahl der Pyramiden kann man jede für sich als einen Kanal
betrachten, oder, wie Faraday sagt, als eine Kraftröhre (für
die Grenze spricht man auch von Kraftlinien). Die Oberfläche
der Einheitskugel ist gleich $4 \cdot 1^2 \cdot \pi = 4\,\pi$. Deshalb setzt Faraday
die Anzahl der Kraftröhren bei der Ladung 1 gleich $4\,\pi$ bzw.
$4\,\pi Q$ bei der Ladung Q, also proportional der Zahl $4\,\pi$. Wie die Wanderung der Wasserteilchen vor sich geht, genau so denkt sich Faraday
die Übertragung der Kraftwirkungen von Ätherteilchen auf Ätherteilchen vor sich gehend, und diese „Wanderung der Kräfte‟
unter beständiger Zunahme (bzw. Abnahme) bei diesem Problem
bezeichnet er als den Kraftfluß. Natürlich kann das hydrodynamische Bild auch für den entgegengesetzt gerichteten Kraftfluß gedeutet werden.

Wie mit der Kugel, so kann man auch mit anderen Potential-
flächen verfahren, wobei die Kanten der Kraftröhren Linien sind,
welche diese Niveauflächen des Potentials normal durchsetzen und
im allgemeinen krummlinig sind. Diese hydrodynamischen Analogien sind der Grundgedanke für die Vorstellungsbilder Faradays
und Maxwells gewesen, die an Stelle der Fernwirkungslehren
Newtonscher Art eine neue Auffassung, die Vermittelung der
Kraftwirkungen durch den Äther, angebahnt haben. Wie
an dieses Bild vereinfachte Vorstellungen angeschlossen werden
können, soll sich sofort zeigen. Man denke nur stets an eine

ideale Flüssigkeit, die inkompressibel ist und keine innere Reibung besitzt. Nebeneinander herlaufende Flüssigkeitsfäden (Stromfäden) bewegen sich in ihren Linien und können verschiedene Geschwindigkeiten haben, ohne einander zu beeinflussen. Es ist so, als ob sie durch die obigen Kanalwände voneinander getrennt wären. Helmholtz griff diese Idee auf und förderte die Theorie der Bewegung solcher Flüssigkeiten in glänzender Weise. Darauf versuchte Maxwell, die Faradayschen Gedanken mathematisch zu formulieren, und er führte sie zum Siege über alle Fernwirkungstheorien. Damit wurde eine der bedeutendsten Wandlungen der Elektrizitätslehre angebahnt. An Stelle des Anziehungspotentials tritt der durch Helmholtz eingeführte Begriff des Geschwindigkeitspotentials. In ähnlicher Weise wandert die Wärme im Innern leitender Körper. An Stelle des Potentials tritt dann der Begriff der Temperatur.

Ehe näher darauf eingegangen wird, muß zunächst ein wichtiger Sonderfall des Newtonschen Potentials betrachtet werden.

B. Das logarithmische Potential und seine physikalischen Bedeutungen.

1. Das zweidimensionale Grundproblem und das logarithmische Potential. Quadratische Einteilung der Ebene durch Polarkoordinaten.

Die obigen Betrachtungen bezogen sich auf den dreidimensionalen Raum. Es gibt aber Probleme, bei denen man nur die Vorgänge in einer Ebene zu betrachten braucht.

Man stelle sich eine festliegende unbegrenzte Gerade vor, auf der wägbare Masse homogen verteilt ist, die nach dem Newtonschen Gesetze auf einen beweglichen Massenpunkt anziehend einwirkt. Wie wird sich der Punkt bewegen?

In dem genannten Elementarwerke ist die Aufgabe auf verschiedene Arten gelöst worden. Hier soll das Bild der Flüssigkeitsströmung benutzt werden. Man denke sich einen schmalen

Raumsektor, der durch zwei benachbarte Ebenen gebildet wird, die einander in jener Geraden schneiden. Der Sektor sei mit Wasser angefüllt, welches, z. B. von der Geraden angezogen, dauernd längs der Geraden in überall gleicher Weise entfernt wird. Dann strömt das Wasser geradlinig nach der Geraden hin. Die Stromlinien sind normal gegen die Gerade gerichtet. In allen Normalebenen zur Geraden geschieht also dasselbe. Solcher Sektoren denke man sich beliebig viele kongruent aneinandergereiht, bis z. B. die Reihe schließt. In jeder Ebene hat man dann ein Strahlenbüschel, zu dem als senkrecht schneidende Linien konzentrische Kreise gehören. Diese ebene Bewegung, eine **Flächenströmung**, ist jetzt zu untersuchen.

Die Geschwindigkeit der Strömung ist umgekehrt proportional der Entfernung r vom Mittelpunkte. **Sofort folgt in bezug auf das Anziehungsproblem für die homogene Gerade, daß die Anziehungskraft umgekehrt proportional der Entfernung r ist.** Es ist also $p = c\dfrac{1}{r}$, wo c eine Konstante ist, die man der Einfachheit halber gleich (1) setze.

Denkt man sich über der positiven x-Achse eine Kurve von der Gleichung

$$y = \frac{1}{x} \quad\quad \ldots \quad \ldots \quad \ldots \quad (1)$$

konstruiert, also eine gleichseitige Hyperbel, so stellen ihre Ordinaten die Größe der Anziehungskraft für alle Entfernungen dar. (Man vergleiche dazu Fig. 2.)

Läßt man verschiedene Werte von x in einer geometrischen Reihe, z. B.

$$x = e^0,\ e^{\pm 1},\ e^{\pm 2},\ e^{\pm 3},\ldots \quad \ldots \quad \ldots \quad (2)$$

aufeinanderfolgen, so schließen, wie sich elementar zeigen läßt, die zugehörigen Ordinaten eine Reihe gleicher Flächenstücke ein, Dabei sei e die Basis $2{,}781\,28\ldots$ der natürlichen Logarithmen. Daraus folgt ebenso elementar, daß die Kurvenfläche, von 1 bis x_1 gerechnet, von der Größe

$$\overset{x_1}{\underset{1}{F}} = \lg x_1 \quad \ldots \quad \ldots \quad \ldots \quad (3)$$

ist. [Dem Kenner der höheren Analysis ist bekannt, daß $\dfrac{d \lg x}{d x} = \dfrac{1}{x}$

und daher $\displaystyle\int_1^{x_1} \dfrac{d x}{x} = \lg x_1$ ist.] Dieser von

$x = 1$ aus gerechnete Ausdruck, der an der Stelle $x_1 = 1$ den Wert Null hat, wird als das logarithmische Potential für das vorliegende Anziehungsproblem für jede Stelle x_1 der positiven X-Achse bezeichnet. [Beim gewöhnlichen Newtonschen Potential mußte von der Stelle $x = \infty$ aus gerechnet werden, weil dort das Newtonsche Potential gleich Null war.] Hier ist ebenso, wie vorher, die Kraft gleich dem Quotienten aus kleiner Potentialdifferenz und kleinem Kraftweg. Die Kraft ist aber hier gleich $\dfrac{1}{x}$, also hat man für eine kleine Hebung

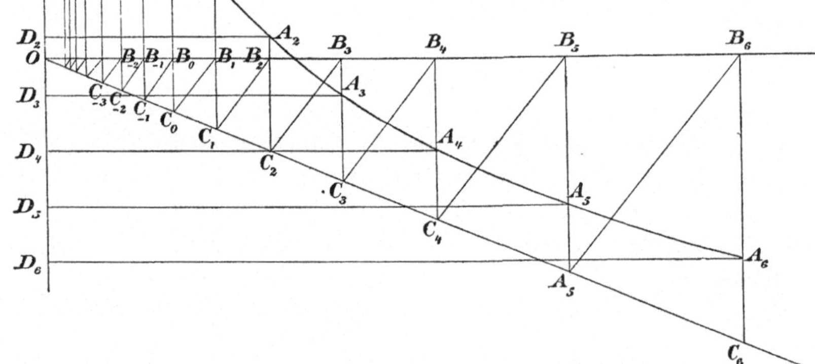

Fig. 5.

die Formel

$$\text{Kraft} = \frac{\text{Potentialdifferenz}}{\text{Weg}} = \text{Potentialgefälle}$$

$$= \frac{1}{x} = \tan \alpha = \frac{\lg x_2 - \lg x_1}{x_2 - x_1} \tag{4}$$

Das Potentialgefälle ist jetzt gleich der trigonometrischen Tangente für die Neigung α, welche die geometrische Tangente der Kurve für den Punkt x hat. Die Kurve

$$y = \log x \quad \ldots \quad \ldots \quad (5)$$

stellt als logarithmische Linie die Werte des neuen Potentials für jede Stelle x der positiven X-Achse dar. Die beistehende Figur ist das Bild der Kurve $y = -\lg x$. Umklappung um die X-Achse gibt die der Gleichung (5) entsprechende.

Die Ordinate y hat an den Stellen 0, 1, ∞ der X-Achse die Werte $-\infty$, 0 und $+\infty$, $\tan\alpha$ hat dort die Werte $\dfrac{1}{0} = \infty$, $\dfrac{1}{1} = 1$, $\dfrac{1}{\infty} = 0$. Die Kurve steigt also von $x = 1$ bis nach $x = \infty$ hin mit abnehmender Steilheit bis zu unendlicher Höhe, sie sinkt von $x = 1$ bis $x = 0$ mit zunehmender Steilheit zu unendlicher Tiefe. Sie schneidet bei $x = 1$ die X-Achse unter 45^0. Aus (5) folgt, daß, wenn x die Werte einer mit $x = 1$ beginnenden geometrischen Reihe annimmt, die Werte von y einer arithmetischen Reihe folgen. Nimmt z. B. x die Werte der geometrischen Reihe

$$x = e^0, \; e^{\pm\frac{2\pi}{n}}, \; e^{\pm\frac{4\pi}{n}}, \; e^{\pm\frac{6\pi}{n}}, \ldots \quad \ldots \quad (6)$$

an, so daß

$$y = \lg x = 0, \; \pm\frac{2\pi}{n}, \; \pm\frac{4\pi}{n}, \; \pm\frac{6\pi}{n}, \ldots \quad (7)$$

eine arithmetische Reihe ist, und zeichnet man die Stromlinien in der XZ-Ebene mit den Neigungen

$$\vartheta = 0, \; \pm\frac{2\pi}{n}, \; \pm\frac{4\pi}{n}, \; \pm\frac{6\pi}{n}, \ldots \quad \ldots \quad (8)$$

die Kreise aber mit den Radien $r = x$ nach Reihe (6), so wird die Ebene in kleine rechteckige Flächenräume eingeteilt, die mit zunehmendem n sich der Gestalt kleiner Quadrate annähern. Die Hebungsarbeit von jeder Kreislinie aus bis zur benachbarten größeren ist stets dieselbe. Die Anziehungskraft aber ist proportional $\dfrac{1}{x}$, die Dimensionen der Quadrate sind proportional x, folglich sind die Anziehungskräfte umgekehrt proportional den Dimensionen der kleinen Quadrate dieser quadratischen Einteilung der Ebene durch Polarkoordinaten. (Die Diagonalkurven dieser Einteilung sind logarithmische Spiralen, welche die Radien unter Winkeln $\pm 45^0$ schneiden. Hat man nur 1 und $e^{\frac{2\pi}{n}}$ bestimmt $\left[\text{z. B. } e^{\frac{2\pi}{16}} = e^{\frac{\pi}{8}}\right]$, so ergeben sich alle anderen r durch die Proportionen $1 : e^{\frac{\pi}{8}} = e^{\frac{\pi}{8}} : x_2$, was $e^{\frac{2\pi}{8}}$ gibt, durch $e^{\frac{\pi}{8}} : e^{\frac{2\pi}{8}} = e^{\frac{2\pi}{8}} : x_3$, was $e^{\frac{3\pi}{8}}$ gibt usw. Dies er-

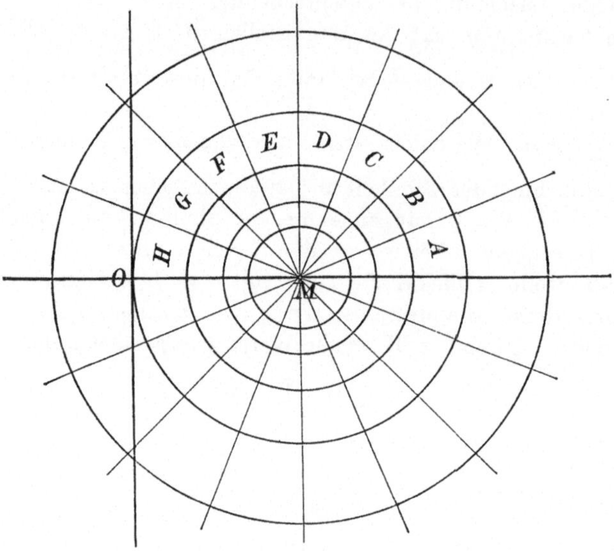

Fig. 6.

möglicht eine sehr einfache Zickzackkonstruktion, bei der die geradlinigen Diagonalen der an der X-Achse liegenden Quadrate parallel werden. Nur eins davon muß berechnet werden.)

Denkt man sich die logarithmische Linie (5) um die Y-Achse rotierend, so entsteht eine trichterartige Fläche, die für jede Stelle der XZ-Ebene durch ihre Höhe den Potentialwert darstellt, durch ihre Steilheit die wirkende Anziehungkraft für das Problem der anziehenden Geraden andeutet.

Man kann jetzt dieses Anziehungsproblem als vollständig gelöst betrachten.

2. Quadratische Einteilung der Ebene durch Parallelenscharen. Das homogene Feld.

Denkt man sich den Mittelpunkt der quadratischen Einteilung (durch Strahlenbüschel und konzentrische Kreisschar) in unendlicher Entfernung liegend, so treten in der Zeichnung an Stelle der Radien parallele Geraden, aber auch die Kreise nehmen wegen des unendlich großen Radius die Gestalt von Geraden an. An Stelle der angenäherten Quadrate entstehen also wirkliche Quadrate von konstanter Größe. Man nennt ein so eingeteiltes Feld ein homogenes Feld.

Die betreffende Flüssigkeit fließt jetzt zwischen parallelen Linien, hat also überall dieselbe Geschwindigkeit. Damit ist die Lösung für folgendes Problem gegeben:

Man denke sich eine feste unbegrenzte Ebene homogen mit Masse belegt, die nach dem Newtonschen Gesetze anziehend auf einen beweglichen Massenpunkt wirkt. Wie zieht sie ihn an?

Weil die Geschwindigkeit der Flüssigkeit jetzt konstant ist, muß die anziehende Kraft für alle Entfernungen dieselbe sein. Der Körper fällt also nach den elementaren Fallformeln $v = gt$, $h = \frac{1}{2} g t^2$, $v = \sqrt{2gh}$, wobei g die Beschleunigung bedeutet, senkrecht gegen die Ebene hin. Folglich ist auch die Hebungsarbeit von Quadratseite zu Quadratseite überall dieselbe. Folglich hat auch das Potentialgefälle einen konstanten Wert, d. h. die das Potential darstellenden Höhen nehmen nach der anziehenden Ebene hin regelmäßig ab, und ihre Endpunkte liegen in einer schrägen Ebene. Ist c gleich 1, so ist deren Neigung α aus $\tan \alpha = 1$ zu berechnen und ergibt sich als 45^0. Allgemein ist hier die Gleichung des Potentials durch

$$y = cx \qquad \ldots \ldots \ldots \quad (9)$$

gegeben. $\left[\text{In der Tat ist } \dfrac{dcx}{dx} = c \text{ gleich der konstanten Kraft.}\right.$

Dies entspricht am bequemsten der geleisteten Hebungsarbeit, weil dann die Dreiecksfläche des Potentials von der Ebene aus gerechnet wird, wo ihr Wert gleich Null ist. Nebenstehende Figur stellt das nach rechts hin fallende Potential dar.

Dieses einfache Problem ist nun von größter Wichtigkeit für die Theorie der elektrischen stationären (stets unverändert bleibenden) elektrischen Ströme. Aus den physikalischen Lehrbüchern nämlich wird das Ohmsche Gesetz für Strömungen in Drähten von unveränderlichem Querschnitt bekannt sein. Dort sagt man, das Potential am Ende des Drahtes sei von einer Größe V_2, am Anfange von einer Größe V_1, und die Potentialdifferenz $V_2 - V_1$ sei die Ursache für das Wandern des Stromes von der unveränderlichen Intensität J. Die Potential-

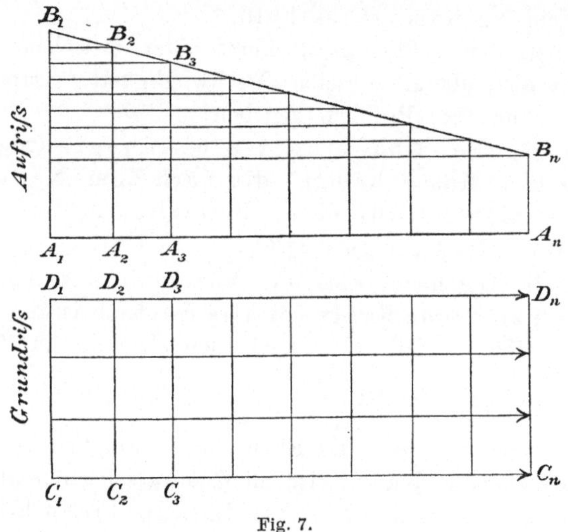

Fig. 7.

werte denkt man sich dabei an jeder Stelle des Drahtes als Senkrechte angebracht, und da gleichen Drahtstücken gleiche Abnahmen des Potentials entsprechen, so wird auch dort das Potentialgefälle durch die Neigung einer schrägen Geraden dargestellt.

Statt der Strömung der Elektrizität im Drahte denke man sich jetzt die Strömung in einer überall gleich dünnen, ebenen, unbegrenzten leitenden Platte, in die längs einer ihrer Geraden überall Elektrizität desselben Potentials V_1 irgendwie gleichmäßig eingeleitet wird, während sie längs einer parallelen Geraden unter dem Potentiale V_2 abgeleitet wird. Dabei wandert der Strom auf den kürzesten Verbindungslinien von der einen Geraden zur anderen nach dem Ohmschen Gesetze, die Potentialwerte gehen dabei in jeder Stromlinie von V_1 auf V_2 herab, und das Potential-gefälle ist durch

$$\tan \alpha = \frac{V_1 - V_2}{l} \quad \ldots \ldots \quad (10)$$

gegeben, wo l die Weglänge ist.

3. Zusammenhang mit dem Ohmschen Gesetze. Die Einheiten und Dimensionen für die elektrostatische Strommessung.

Das Ohmsche Gesetz lautet: Die Stromstärke in einem beliebigen Stromkreise ist gleich dem Quotienten aus der elektromotorischen Kraft und dem Widerstande. Dabei darf man sich aber unter elektomotorischer Kraft keine Kraft im mechanischen Sinne denken, unter Widerstand ebensowenig einen Widerstand im mechanischen Sinne. Auch das Wort Stromstärke bedarf einer bestimmten Erklärung. Klar wird die Sache erst dann, wenn man die Dimensionen der genannten Ausdrücke in Ordnung bringt.

Unter Intensität I oder Stromstärke versteht man die Menge elektrostatischer Einheiten, welche sekundlich durch jede Querschnittsfläche fließen, möge diese Fläche konstant oder veränderlich sein. Diese sekundliche Menge ist $I = \dfrac{\text{Menge}}{\text{Zeit}}$, also von der Dimension $\dfrac{\mu}{t}$, oder nach obigem von der Dimension $\dfrac{l^{\frac{3}{2}} m^{\frac{1}{2}} t^{-1}}{t} = l^{\frac{3}{2}} m^{\frac{1}{2}} t^{-2}$.

Ist die Länge des Drahtes gleich 1, die Querschnittsfläche gleich 1, die elektrische Menge gleich 1 und die Potentialdifferenz gleich 1, dann gehört zum Passieren der Drahtlänge 1 irgend eine Zeit ϱ, die von der chemischen Beschaffenheit des Drahtmaterials abhängig ist. Die Geschwindigkeit der Strömung ist also $\lambda = \dfrac{1}{\varrho}$. Diese Größe heißt zugleich das spezifische Leitungsvermögen, während man unter $\dfrac{1}{\lambda} = \varrho$ einen spezifischen Widerstand versteht. Durch jeden Querschnitt passieren also sekundlich λ

Einheiten der elektrischen Menge. Ist nun die Länge des Drahtes gleich l, so wird nach Ohm die passierende Menge reduziert auf $\dfrac{\lambda}{l}$; ist der Querschnitt gleich F, so steigt sie nach Ohm auf $\dfrac{\lambda F}{l}$, und ist die Potentialdifferenz gleich $V_1 - V_2$, so steigt sie auf $\dfrac{\lambda F}{l}(V_1 - V_2)$, und dieser Ausdruck gibt nun an, wieviel elektrische Einheiten sekundlich den Querschnitt F passieren. Dafür kann man auch schreiben $\dfrac{F(V_1 - V_2)}{\varrho\, l}$, und dies ist wiederum die Intensisät I. Der neue Ausdruck muß also auch die Dimension $l^{\frac{3}{2}}\, m^{\frac{1}{2}}\, t^{-2}$ haben. Man hat daher als Gleichung für die Dimensionen

$$\frac{l^2\,(V_1 - V_2)}{t\, l} = l^{\frac{3}{2}}\, m^{\frac{1}{2}}\, t^{-2}$$

und erhält daher als Dimension von $(V_1 - V_2)$ den Ausdruck $l^{\frac{1}{2}}\, m^{\frac{1}{2}}\, t^{-1}$, und dies ist nach obigem die Dimension einer **Potentialfunktion**.

Statt der Bezeichnung Potentialfunktion hat man den Namen **Strompotential** benutzt und die betreffende Potentialdifferenz mit dem sehr wenig geeigneten Ausdrucke **elektromotorische Kraft** oder auch **Spannung** bezeichnet.

Multipliziert man die Dimensionen von $V_1 - V_2$ und von I miteinander, so ergibt sich als Dimension des Produktes $l^2 m^1 t^{-3}$, und dies ist die **Dimension einer sekundlichen Arbeitsleistung** L **im Sinne der Mechanik**. Man erhält also die Formeln

$$(V_1 - V_2)\cdot I = L, \quad V_1 - V_2 = \frac{L}{I}, \quad I = \frac{L}{V_1 - V_2}. \quad (11)$$

Passieren durch jeden Querschnitt F sekundlich $3\cdot 10^9$ elektrostatische Einheiten, so sagt man in der Praxis, der Strom habe die Stärke **1 Ampère** oder **1 Sekunden-Coulomb**.

Für die mechanische Leistung hatten wir die Einheit Sekunden-Erg. Eine größere Einheit ist das **Watt** $= 1$ Sek.-Joule $= 10^7$ Sek.-Erg. [Das Meterkilogramm enthält $981\cdot 10^5$ Erg, $75\,$mkg pro Sekunde bedeuten also rund $736 \cdot 10^7$ Sekunden-Erg $= 736$ Watt $= 1$ Pferdestärke. Ein **Kilowatt** umfaßt $\dfrac{1000}{736}$ oder $1{,}36$ Pferdestärken oder etwas mehr als $\dfrac{4}{3}$ Pf. Damit ist der Zusammenhang mit den üblichen technischen Einheiten aufgeklärt].

Aus (11) folgt Potentialdifferenz $= \dfrac{\text{Sekundenleistung}}{\text{Stromstärke}} =$ Sekundenleistung reduziert auf die Stromeinheit. Sie ist gleich 1, wenn Zähler und Nenner gleich sind. Den 300. Teil dieser Einheit der elektromotorischen Kraft bezeichnet man in der Praxis als Volt. Es ist demnach

$$\textbf{1 Volt mal 1 Ampère} = \frac{3 \cdot 10^9}{3 \cdot 10^2} \ \textbf{Sek.-Erg} = \textbf{10}^7\,\textbf{Sek.-Erg} = \textbf{1 Watt.}$$

Folglich

Anzahl der Volt $\times$ Anzahl der Ampère $=$ Anzahl der Watt.

Man sagt auch

Anzahl der Voltampère $=$ Anzahl der Watt.

Aus $I = \dfrac{\lambda F}{l}\,(V_1 - V_2)$ folgt $\dfrac{V_1 - V_2}{I} = \dfrac{l}{\lambda F} = \varrho\,\dfrac{l}{F} = W,$ wo W den Widerstand des gesamten Drahtes bedeutet. Dieser Widerstand ist also von der Dimension

$$W = \frac{\text{Potentialdiff.}}{\text{Stromstärke}} = \frac{l^{\frac{1}{2}} m^{\frac{1}{2}} t^{-1}}{l^{\frac{3}{2}} m^{\frac{1}{2}} t^{-2}} = t l^{-1},$$

also das Umgekehrte von der Dimension einer Geschwindigkeit, was für $l = 1$ die Dimension t gibt und mit der obigen Definition von ϱ als Zeit zusammen stimmt.

Bringt 1 Volt die Stromstärke 1 Ampère hervor, so bezeichnet man den Widerstand als 1 Ohm. (Widerstand einer Quecksilbersäule von etwa 106 cm Länge und 1 qmm Querschnitt). Es ist also

Anzahl der Volt $=$ Anzahl der Ohm mal Anzahl der Ampère.

Daher ist 1 Ohm $= \dfrac{\frac{1}{300}}{3 \cdot 10^9} = \dfrac{1}{9 \cdot 10^{11}}$ Widerstandseinheiten des Zentimeter-Gramm-Sekundensystems.

Aus $(V_1 - V_2)\, I = L$ und $\dfrac{I}{D} = \dfrac{1}{W}$ folgt durch Multiplikation noch $J^2 = \dfrac{L}{W}$ oder $I^2 W = L$, so daß die mechanische Leistungsfähigkeit des Stromes gleich dem Produkte aus Widerstand und Quadrat der Stromstärke ist.

Hat der Strom keine andere Arbeit zu verrichten, als den Widerstand zu überwinden, so geht die Widerstandsarbeit in Joulesche Wärme über. Diese ist gleich $\dfrac{A}{t} = L$. Dabei ist 1 Watt $= 0{,}24$ cal. für die Sekunde.

Damit sind die wichtigsten Begriffe für das Wesen der elektrischen Strömungen klargelegt. Ohne diese Auseinandersetzung würden die im folgenden angewandten Ausdrücke unverständlich geblieben sein. Die Lehre von den Dimensionen muß in jedes physikalische Lehrbuch aufgenommen werden. Sonst bleiben die Worte leerer Schall und Rauch. Die Pariser Einigung über die Einheiten der Elektrotechnik, an der auch Helmholtz teilgenommen hat, war zwar ein Kompromiß, bei dem einige Mängel in den Kauf zu nehmen waren, aber trotzdem ein verdienstliches Werk.

4. Analogie zwischen Wärme- und Elektrizitätsströmung.

Noch auf einen Vergleich mit einer anderen physikalischen Strömung sei hingewiesen. Man denke sich etwa einen sehr großen metallischen Würfel. Eine seiner senkrechten Flächen werde durch Wärmezufuhr auf konstanter hoher Temperatur, z. B. T_1 Grad Celsius gehalten, die Gegenfläche durch Wärmeableitung auf konstanter niedrigerer Temperatur T_2. Dann findet im Innern des Würfels eine horizontale Wärmeströmung statt, bei der die Temperatur nach einiger Zeit für jede Stelle unveränderlich wird. Sie nimmt von x_1 bis x_2, d. h. von der ersten Wand zur Gegenwand hin regelmäßig von T_1 zu T_2 ab. Das Temperaturgefälle ist durch $\dfrac{T_2 - T_1}{x_2 - x_1} = \tan\alpha$ dargestellt, oder durch

$\dfrac{y_2 - y_1}{x_2 - x_1} = \tan\alpha$. Es wird durch die Gerade von der Gleichung

$$\frac{y - y_1}{x - x_1} = \frac{y_2 - y_1}{x_2 - x_1} \quad \text{oder} \quad \frac{y - y_1}{y_2 - y_1} = \frac{x - x_1}{x_2 - x_1}$$

oder durch

$$\frac{x - x_1}{x_2 - x_1} = \tan\alpha \quad \ldots \ldots \quad (12)$$

veranschaulicht. Die einfachste Gestalt der Gleichung hat man in der Form

$$y = x \tan\alpha \quad \ldots \ldots \ldots \quad (13)$$

wobei y an der Stelle $x = 0$ ebenfalls den Wert Null hat, so daß man sich, der Abnahme wegen, α als negativ zu denken hat. Bei der entgegengesetzten Wanderung ist α positiv.

Bei beiden physikalischen Problemen entsprechen einander die Begriffe Temperatur und Strompotential, Temperaturdifferenz und Potentialdifferenz, Stromlinie der Wärme und Stromlinie der Elektrizität, wandernde Wärmemenge in dünner Schicht und wandernde Elektrizitätsmenge in dünner Schicht, Linien konstanter Temperatur oder Isothermen und Linien konstanten Strompotentials oder Niveaulinien, Leitungsfähigkeit für Wärme, Leitungsfähigkeit für Elektrizität usw. Das Bild der ebenen Wärmebewegung, bei der von der Ausstrahlung abzusehen ist, veranschaulicht also in treffender Weise die Strömung der Elektrizität.

Wir kehren jetzt zur quadratischen Einteilung der Ebene durch Polarkoordinaten zurück. Längs eines der konzentrischen Kreise der Platte denke man sich Elektrizität von konstanter Spannung $V_1 = y_1$ eingeleitet, längs eines kleineren in der Spannung $V_2 = y_2$ abgeleitet. Dann nimmt das Potential längs jedes Radius, wenn r_1 und r_2 die Radien der beiden Kreise waren, nach dem Gesetze der oben betrachteten logarithmischen Linie ab, deren Gleichung jedoch jetzt analog zu Gleichung (12) folgende Form annimmt

$$\frac{y - y_1}{y_2 - y_1} = \frac{lg\,x - lg\,x_1}{lg\,x_2 - lg\,x_1}. \quad \ldots \ldots \quad (14)$$

Ihre einfachste Gestalt hat sie in der Form

$$y = (lg\,x)\tan\alpha. \qquad \ldots \ldots \quad (15)$$

Mit den obigen Gleichungen deckt sie sich für die Fälle $\tan a = \pm 1$. Kirchhoff, der dieses Gesetz zuerst experimentell prüfte, hat hier den Namen Stromdichte eingeführt. Da nämlich jeder Sektor nach dem Zentrum hin an „Breite'' abnimmt, muß die Stromdichte nach dieser Richtung hin zunehmen. Die Stromdichte ist demnach hier umgekehrt proportional den Dimensionen der kleinen Quadrate, zugleich ist sie umgekehrt proportional der Entfernung vom Zentrum.

Soll die Strömung nach außen gehen, so ist nur ein Zeichenwechsel nötig, wobei z. B. die letzte Gleichung die Form

$$y = - (lg\,x)\tan\alpha$$

annimmt.

Die Linien konstanter Stromdichte sind bei diesem Problem dieselben, wie die Linien konstanten Potentials. Bei den folgenden Problemen aber hört diese Übereinstimmung auf.

Die Gleichungen (14) und (15) gelten nun auch für das entsprechende Wärmeproblem, bei dem ein konzentrischer Hohlzylinder, dessen äußere und innere Wand auf konstanten Temperaturen $T_1 = y_1$ und $T_2 = y_2$ zu halten sind, der Betrachtung zugrunde gelegt wird.

5. Das Vertauschungsproblem. Das Winkelpotential als logarithmisches Potential.

Bei dem Problem der Parallelströmung können die Strom- und Niveaulinien ihre Rolle vertauschen. Es fragt sich, ob diese Vertauschung auch bei der quadratischen Einteilung durch Polarkoordinaten möglich ist. Dies ist wirklich der Fall, wie nach Kirchhoffscher Methode experimentell geprüft werden kann. Man hat sich nur aus der Platte einen Sektor ausgeschnitten zu denken, dessen Zentriwinkel $\gamma = \vartheta_2 - \vartheta_1$ sei. Längs des einen Grenzradius lasse man Elektrizität von konstantem Potential $y_1 = V_1$ einströmen, längs des andern eine solche vom Potential $y_2 = V_2$ ausströmen. Den Sektor denke man sich in n gleiche Sektoren eingeteilt. Dann sind die Radien Linien konstanten Potentials, und von einem zum andern Radius nimmt der Potentialwert um dieselbe Größe ab. Die Stromlinien sind konzentrische Kreisbogen. Denkt man sich die Werte des Potentials durch Lote auf der Ebene dargestellt, so liegen deren Endpunkte auf einer gewöhnlichen Schraubenfläche von der Gleichung

$$\frac{y - y_1}{r\,(\vartheta - \vartheta_1)} = \frac{y_2 - y_1}{r\,(\vartheta_2 - \vartheta_1)} = \tan \zeta = = \frac{1}{r}\tan \zeta_1, \quad . \quad (16)$$

wo ζ_1 die Gefällneigung auf dem Kreise mit Radius 1 ist, während ζ die Neigung auf dem Kreise mit Radius r ist, sich also durch $\tan \zeta = \dfrac{\tan \zeta_1}{r}$ bestimmt. Dafür kann man auch schreiben

$$y = \left[y_1 - (y_2 - y_1)\,\frac{\vartheta_1}{\vartheta_2 - \vartheta_1} \right] + \vartheta\,\frac{y_2 - y_1}{\vartheta_2 - \vartheta_1} = c + k\,\vartheta \quad (17)$$

wo c und $k = \tan \zeta_1$ Konstanten sind. Dabei ist

$$\frac{\text{Potentialdifferenz}}{\text{Stromweg}} = \frac{V_2 - V_1}{r\,\gamma} = \frac{y_2 - y_1}{r\,(\vartheta_2 - \vartheta_1)}$$

$$= \frac{\tan \zeta_1}{r} = \tan \zeta = \text{Stromdichte} \quad . \quad . \quad (18)$$

so daß die Stromdichte umgekehrt proportional dem Radius r, also auch umgekehrt proportional den Dimensionen der kleinen Quadrate der Einteilung durch Polarkoordinaten im obigen Sinne ist. In den kreisförmigen Kanälen fließen also dieselben Elektrizitätsmengen, was ganz dem Ohmschen Gesetze entspricht.

Die Potentialgleichung (17) ist einfacher in der Gestalt, in der y und ϑ gleichzeitig Null werden, d. h. in der Form

$$y = \vartheta \tan \zeta_1 \quad . \quad . \quad . \quad . \quad . \quad . \quad (19)$$

am einfachsten in den Gestalten

$$y = \pm\,\vartheta \quad . \quad . \quad . \quad . \quad . \quad . \quad (20)$$

wobei die Neigung für den Radius $r = 1$ den Wert $\pm\,45^0$ hat.

Ein Potential von der Form (17) oder (19) oder (20) kann als Drehungspotential oder Winkelpotential bezeichnet werden, weil es von der Variabelen ϑ abhängig ist. [In der höheren

Theorie heißt es auch ein **logarithmisches Potential.** Setzt man nämlich $X + Y i = lg\ (x + y i) = lg\sqrt{x^2 + y^2} + i\arctan \dfrac{y}{x}$, oder, was dasselbe ist $R\ [\cos \Phi + i \sin \Phi] = \lg r + \lg e^{\varphi i} = (\lg r) + \varphi i$, wobei $i = \sqrt{-1}$ ist, so folgt $X = \lg \sqrt{x^2 + y^2} = \lg r$, $Y = \arctan \dfrac{y}{x} = \varphi$, und daraus erkennt man, daß φi nur der imaginäre Teil der Funktion komplexen Arguments $\lg (x + y i)$ ist. Dies hängt mit der konformen Abbildung $(X + Y i) = \lg (x + y i)$ zusammen. Dabei ist der Differentialquotient

$$\frac{d \lg (x + y i)}{d (x + y i)} = \frac{1}{x + y i} + \frac{x - y i}{(x + y i)(x - y i)} = \frac{x - y i}{x^2 + y^2}$$

$$= \frac{r (\cos \varphi - i \sin \varphi)}{r^2} = \frac{1}{r} [\cos (-\varphi) + i \sin (-\varphi)] = \frac{1}{r} \cdot e^{-\varphi i}.$$ Da-

bei heißt $\dfrac{1}{r}$ der absolute Betrag des Differentialquotienten, der ein Vergrößerungsverhältnis bedeutet und umgekehrt proportional r ist. Die Größe $(\cos \varphi - i \sin \varphi) = e^{-\varphi i}$ heißt der **Richtungskoeffizient** des Radiusvektor $\dfrac{1}{r}$, d. h. des Differentialquotienten. Er bedeutet eine Drehung um einen Winkel $(-\varphi)$. Demnach ge- gehören $\lg r$ und der Winkel φ eng zusammen. Unabhängig davon findet man dasselbe durch Differentiation der Funktion $\vartheta = arc \sin \dfrac{y}{x}$ nach x und y und durch die geometrische Addition dieser Aus- drücke nach dem Parallelogramm der Kräfte.]

Damit ist das neue elektrische Strömungsproblem vollständig beschrieben. Man hat nur die Bezeichnungen in der vorher an- gedeuteten Weise zu ändern, um die entsprechende Wärmeströmung zu beschreiben. Bei dieser handelt es sich um einen Sektor eines konzentrischen Hohlzylinders gewöhnlicher Art, bei dem die eine ebene Wand auf der Temperatur T_1 gehalten wird, die andere auf der Temperatur T_2.

Das entsprechende Strömungsproblem der idealen Flüssigkeit ist ebenfalls gelöst, sobald man sich denkt, die quadratische Einteilung wäre bis ins Kleinste durchgeführt, und die Kanalwände wären wirklich vorhanden, so daß der Einfluß der Zentrifugalkraft vernichtet ist.

Denkt man sich ferner die eine Grenzebene des zylindrischen Sektors mit positiv elektrischer Masse homogen belegt, den andern mit ebensoviel negativer Masse, und in dem Winkel ein frei bewegliches elektrisches Teilchen, so wird dieses von der einen Ebene mit einer Kraft, die proportional $\dfrac{1}{r}$ ist, angezogen, von der andern mit einer ebenso großen Kraft abgestoßen, und diese Kraft hat dieselbe Richtung, wie die zugehörige Kreistangente. Dies gilt aber nur für den Ruhezustand, denn für bewegte elektrische Teilchen ist die Anziehung (und Abstoßung) nicht dem Coulombschen Gesetz entsprechend.

Eine analoge Bemerkung läßt sich für die Belegung der Grenzebene mit magnetischen Massen machen.

6. Das elektromagnetische Feld eines geradlinigen Stromes.

Zugleich aber ist ein anderes Problem gelöst, das der elektromagnetischen Wirkung eines elektrischen geradlinigen Stromes von konstantem Verhalten für seine Umgebung, die man als sein elektromagnetisches Feld bezeichnet.

Man denke sich den leitenden Draht senkrecht und durch ein horizontales Papierblättchen gesteckt, auf dem sich Eisenfeilspäne befinden. Diese ordnen sich, sobald der Strom beginnt, in konzentrischen Kreisen an. Die Stärke der elektromagnetischen Wirkung kann durch die Schwingungen einer benachbarten Magnetnadel gemessen werden, die sich in einer Kreistangente einstellen will. Es ergibt sich, daß die Feldstärke $\mathfrak{H}$ proportional der Stromstärke und umgekehrt proportional der Entfernung von der Stromachse ist, also der Formel

$$\mathfrak{H} = k\,\frac{I}{r}$$

folgt, wo k eine von der Wahl der Einheit der Stromstärke abhängige Konstante ist. Die elektromagnetischen Kraftlinien also sind konzentrische Kreise, die

Niveauflächen des elektromagnetischen Potentials sind die radial aufeinanderfolgenden Ebenen.

[Ist die Stromstärke $I = 10$ Ampère $= 1$ Einheit des $cg\,s_1$-Systems, so ist $k = 2$ Dyn, wie schon jetzt beiläufig bemerkt sei. Demnach ist dann

$$\mathfrak{H}_1 = \frac{2\,I}{r}.$$

Wird also die positive magnetische Einheit gegen die Kraftrichtung in der Entfernung r von der Stromachse einmal um diese herumgeführt, so wird jetzt die Arbeit gleich Kraft mal Kraftweg, oder

$$A = \left(\frac{2\,I}{r}\right) \cdot (2\,r\,\pi) = 4\,I\,\pi \qquad .$$

geleistet. Dies alles stimmt zu den von Laplace, Biot und Savart ausgesprochenen Gesetzen.]

In allen Normalebenen des Stromes geschieht dasselbe. Man hat also ein ebenes (zweidimensionales) Problem vor sich.

Der Gleichung (19) entspricht hier als Gleichung für das elektromagnetische Potential die folgende:

$$W = \left(\frac{k\,I}{r}\right)(r\,\vartheta) = k\,I\,\vartheta \quad . \quad . \quad . \quad . \quad . \quad (22)$$

Je größer I, desto enger liegen die Kreise, desto zahlreicher sind die Sektoren der quadratischen Einteilung. Also auch hier handelt es sich um ein von der Veränderlichen ϑ abhängiges Winkelpotential. Damit sind z. B. die Faradayschen Drehungserscheinungen von Strömen um Magnete (und umgekehrt) erklärt und vollständig beschrieben.

7. Beispiele zur algebraischen Addition der Potentialwerte.

Die algebraische Addition der Potentialwerte erleichtert bei den ebenen Problemen die Theorie ganz außerordentlich. Nur einige seien erläutert:

a) In eine sehr große ebene Platte leite man an zwei Stellen, z. B. in den Punkten ± 1 der X-Achse, gleich starke Ströme vom Potential V_1 ein und leite sie unter dem Potentiale V_2 ab, was längs eines sehr großen Kreises um den Nullpunkt gleichmäßig geschehen soll. Nach (15) erhält man, da man hier bequem r_1 und r_2 statt x anwendet, die Potentialgleichung

$$V = y_1 + y_2 = \lg r_1 \, \tan \alpha + \lg r_2 \tan \alpha = \lg (r_1 \, r_2) \tan \alpha.$$

Für alle Stellen der Ebene, die von den Punkten ± 1 Entfernungen r_1 und r_2 haben, für die das Produkt $r_1 \, r_2$ konstant ist,

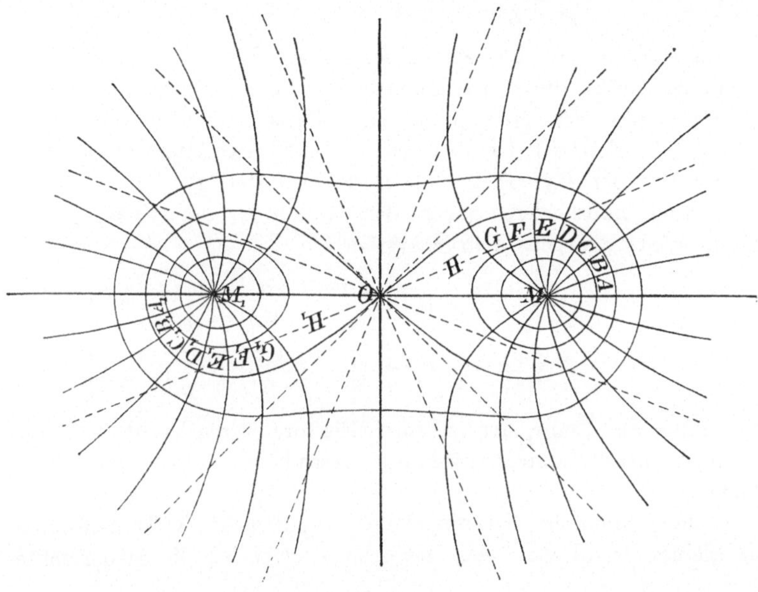

Fig. 8.

ist also auch das Potential V konstant. Diese Kurven sind aber konfokale Lemniskaten der XZ-Ebene mit den Brennpunkten ± 1.

Man denke sich die Leitungsfähigkeit der Platte so, daß $\tan \alpha = 1$ ist, dann hat man die einfache Gleichung

$$V = \lg (p \, q) = \lg p + \lg q. \quad \ldots \ldots \quad (23)$$

in der statt r_1 und r_2 Radii vectores p und q gesetzt sind. Macht man nach obigem der Reihe nach

$$\lg (p \, q) = 0, \; \pm 1, \; \pm 2, \; \pm 3, \quad \ldots \ldots \quad (24)$$

oder, was dasselbe ist

$$p \, q = e^0, \; e^{\pm 1}, \; e^{\pm 2}, \; e^{\pm 3},$$

so ist von Kurve zu Kurve die Potentialdifferenz dieselbe. Dies giebt also das System der Niveaulinien. Die Stromlinien folgen analog der Gleichung

$$\varphi + \chi = c, \qquad \ldots \ldots \quad (25)$$

wo φ und χ die Neigungswinkel der Radii vectores gegen die positive Richtung der X-Achse sind. Macht man der Reihe nach

$$\varphi + \chi = 0, \ \pm 1, \ \pm 2, \ \pm 3, \ \ldots \ldots \quad (26)$$

so erhält man ein System gleichseitiger Hyperbeln von verschiedener Größe durch die Punkte ± 1 der X-Achse, für welche der Nullpunkt der Mittelpunkt ist. Diese beiden Systeme geben eine Einteilung der Ebene in kleine Quadrate. Die Asymptoten der Hyperbeln folgen dabei unter gleichen Winkeln aufeinander und gehen durch den Nullpunkt der Ebene. Am besten wählt man das Kurvensystem

$$\left.\begin{aligned}
\lg(pq) = \lg p + \lg q &= 0, \ \pm\frac{2\pi}{n}, \ \pm\frac{4\pi}{n}, \ \pm\frac{6\pi}{n}, \ \ldots \\
\varphi + \chi &= 0, \ \pm\frac{2\pi}{n}, \ \pm\frac{4\pi}{n}, \ \pm\frac{6\pi}{n}, \ \ldots
\end{aligned}\right\} \quad (27)$$

weil dann die Reihe der „Hyperbelsektoren" regelrecht schließt. In allen diesen Sektoren wandert dasselbe Quantum von Elektrizität.

[Die Stromdichte ist umgekehrt proportional den Dimensionen der kleinen Quadrate. Auf gewissen Kurven ist die Stromdichte konstant. Ihre Gleichung ist $\dfrac{2\varrho}{pq} = c$ oder $\lg \varrho - (\lg p + \lg q) = \lg\dfrac{c}{2}$, wobei die Radii vectores ϱ, p, q von den Punkten 0, $+1$, -1 der X-Achse ausgehen. Auf gewissen anderen Kurven ist die Stromrichtung konstant. Diese haben die Gleichung $\vartheta - (\varphi + \chi) = c_1$, wo die Variabeln die Neigungswinkel dieser Radii vectores sind. Sie schneiden die vorigen rechtwinkelig.]

Macht man zwei von den Kurven (26) zur Einströmungs- und Ausströmungselektrode, so vertauschen die vorigen Strom- und Niveaulinien ihre Rolle. Das neue Potential wird also

$$W = \varphi + \chi, \qquad \ldots \ldots \quad (28)$$

d. h. es ist ein Winkelpotential. [Die Kurven konstanter Stromdichte und konstanter Stromrichtung bleiben dieselben wie vorher.]

Auf die sonstigen physikalischen Deutungen soll nicht weiter eingegangen werden. Man wird sie sich leicht zurechtlegen.

b) Handelt es sich um gleichartige Einströmung in n Punkten der Ebene und um Ableitung in einem sehr großen Kreise um den Schwerpunkt der n-Punkte, der zum Mittelpunkte der Koordinaten gewählt wird, so erhält man ebenso als Niveau und Stromlinien Kurven von den Gleichungen

$$p_1\, p_2\, p_3 \cdots p_n = e^c \qquad \qquad (29)$$

$$\text{oder}\ \ \lg p_1 + \lg p_2 + \cdots + \lg p_n = c \qquad (30)$$

$$\text{und}\quad \varphi_1 + \varphi_2 + \cdots + \varphi_n = c \qquad (31)$$

Es sind Lemniskaten und Hyperbeln höherer Ordnung. Die Asymptoten der letzteren gehen nach dem Schwerpunkte der n-Punkte und folgen unter gleichen Winkeln aufeinander.

Strömen in den n-Punkten verschiedene Elektrizitätsmengen desselben Potentials ein, die sich wie ganze Zahlen $m_1, m_2, \ldots m_n$ verhalten, so treten an Stelle von (30) und (31) die Gleichungen

$$m_1 \lg p_1 + m_2 \lg p_2 + \cdots + m_n \lg p_n = c \qquad (32)$$

$$m_1 \varphi_1 + m_2 \varphi_2 + \cdots + m_n \varphi_n = c \qquad (33)$$

Dabei ist wiederum der Schwerpunkt als Nullpunkt der Koordinaten zu wählen, was die sonstigen Gleichungen vereinfacht. Die Punkte aber haben gewissermaßen die Massen $m_1, m_2, \ldots, \mathrm{m}_n$. Auch die Linien konstanter Stromdichte sind leicht aufzustellen. Die Asymptoten der Kurven (33) gehen wieder nach dem Schwerpunkt hin und folgen unter gleichen Winkeln aufeinander.

Zur Zeichnung der Strömungsnetze kann man die Methoden der konformen Abbildung und auch die Methode der Kraft- und Niveaulinien von Maxwell anwenden. Bei der letzteren werden für jeden Punkt die Kraftlinien konstruiert und in das Netz die eine Gruppe von Diagonalkurven gezeichnet. Ebenso verfährt man mit Niveaulinien.

c) Läßt man den Strom in einem Punkte in die Platte ein-, in einem anderen ausströmen, so entstehen statt der Gleichungen (23) und (27) Gleichungen von der Form

$$V = \lg p - \lg q = \lg \frac{p}{q} \quad \cdot \quad \cdot \quad \cdot \quad \cdot \quad \cdot \quad (34)$$

$$\lg \frac{p}{q} = 0, \pm \frac{2\,\pi}{n}, \pm \frac{4\,\pi}{n}, \pm \frac{6\,\pi}{n}, \quad \cdot \quad \cdot \quad \cdot \quad (35)$$

$$\varphi - \chi = 0, \pm \frac{2\,\pi}{n}, \pm \frac{4\,\pi}{n}, \pm \frac{6\,\pi}{n}, \quad \cdot \quad \cdot \quad (36)$$

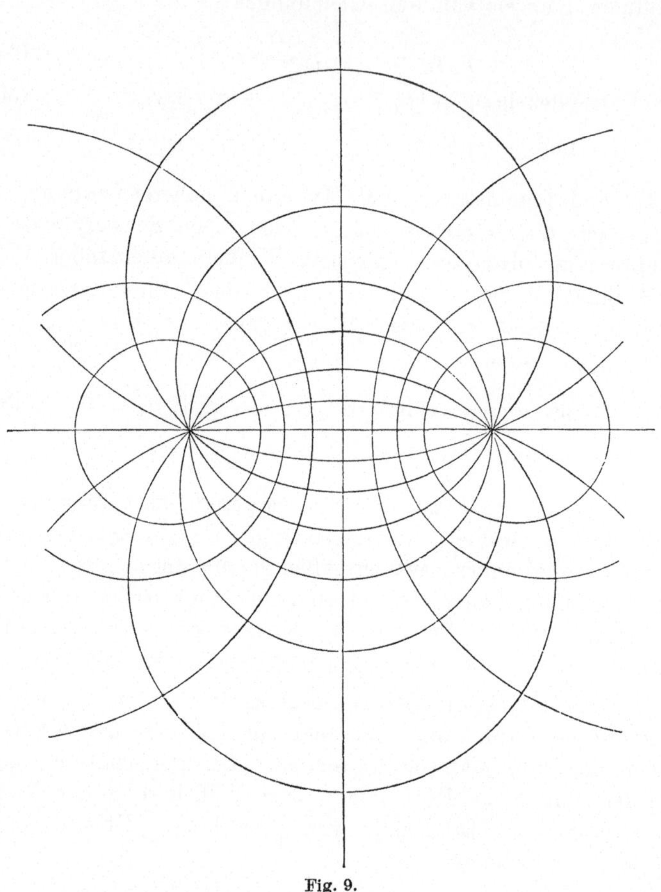

Fig. 9.

Dies ist ein Kreisbüschel nebst orthogonaler Kreisschar. Die Ebene wird dabei ebenfalls in kleine Quadrate eingeteilt.

Auch dieses einfache Stromnetz ließe sich nach den genannten Methoden konstruieren, nur wäre bei der Maxwellschen Methode jedesmal die andere der Diagonalscharen zu nehmen. Auch hier gilt das Vertauschungsproblem, bei dem die Elektrizität längs eines Büschelkreises ein-, längs eines zweiten ausströmt. Das zugehörige „Winkelpotential" ist dann in einfachster Weise durch

$$W = \varphi - \chi \quad \cdots \cdots \quad (37)$$

dargestellt.

Bei beiden Problemen (34 und 37) sind die Kurven konstanter Stromdichte konfokale Lemniskaten, die Kurven konstanter Stromrichtung das zugehörige orthogonale Hyperbelbüschel.

d) Für beliebig viele Ein- und Ausströmpunkte beliebiger Stärke hat man einige m der Gleichungen (32) und (33) positiv, den Rest negativ einzusetzen. Ist die algebraische Summe der m gleich Null, und liegen alle Punkte im Endlichen, so flie-

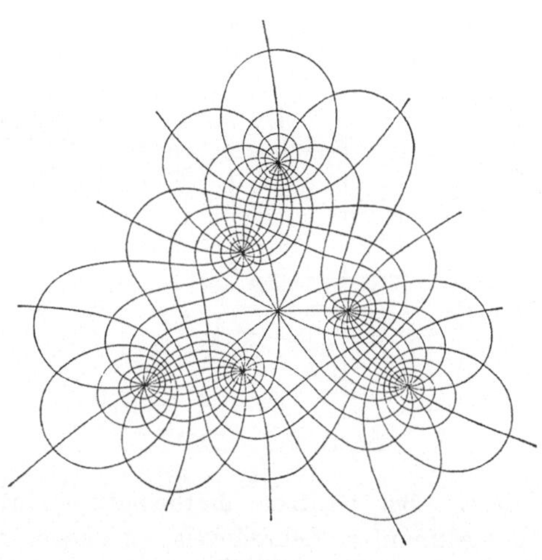

Fig. 10.

ßen nur vereinzelte Stromlinien ins Unendliche, was bedeutungslos ist. Ist die algebraische Summe positiv, so hat man den ganzen Überschuß ins Unendliche abzuleiten, ist sie negativ, so hat man das Fehlende von unendlicher Entfernung her einzuführen. Fig. 10 stellt den Fall von drei Ein- und drei Ausströmungspunkten dar, die als gleichwertig angenommen sind.

e) Läßt man die Elektrizität längs einer vollständig begrenzten Geraden gleichmäßig einströmen und in unendlicher Entfernung ausströmen, so sind die Stromlinien konfokale Ellipsen und Hyperbeln, welche die Endpunkte der Geraden zu Brennpunkten haben. Ist die Einströmungslinie nur einseitig begrenzt, so entstehen zwei Orthogonalscharen konfokaler Parabeln mit dem Grenzpunkte als Brennpunkt. Vgl. Fig. 11 und 12.

f) Gewisse Probleme solcher Art haben, wie man sieht, nichts mit Punktproblemen zu schaffen. Sie führen allgemein auf doppeltperiodische Funktionen. Eine ganze Anzahl von Problemen, die mit den elliptischen Funktionen zusammenhängen, ist in des Verfasssers Buche über isogonale Verwandtschaften behandelt. Alle Kurvenscharen, die eine Einteilung der Ebene in kleine Quadrate ermöglichen, heißen isothermische Kurvenscharen, was sich aus den oben behandelten Wärmeströmungen

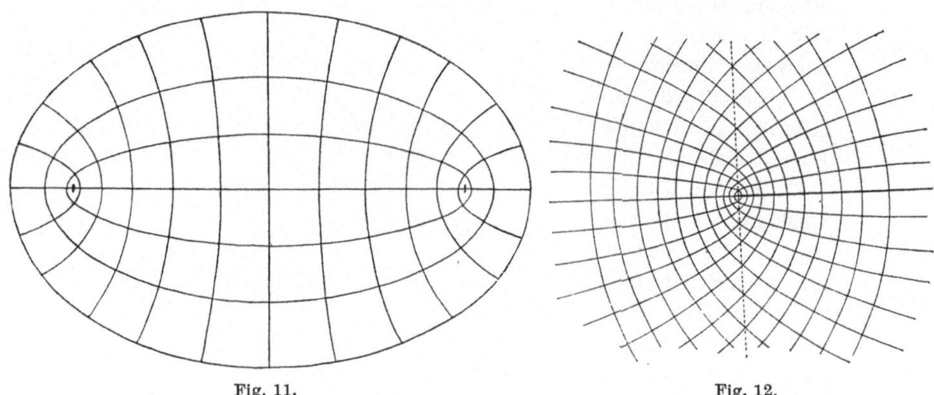

Fig. 11.Fig. 12.

erklärt. Sie besitzen mathematisch interessante Eigenschaften. [In bestimmter Schreibweise genügen die linken Seiten ihrer Gleichungen $f(xy) = c$ identisch der Laplaceschen Differentialgleichung $\dfrac{\partial^2 u}{\partial x^2} + \dfrac{\partial^2 u}{\partial y^2} = 0$. Diese Gleichungsschreibart heißt die isothermische. Nimmt dabei c bei beiden Orthogonalscharen die Werte derselben arithmetischen Reihe an, so ist die quadratische Einteilung erzielt.]

g) Die Diagonalkurven einer quadratischen Einteilung geben wieder eine solche. Man kann aber auch eine Diagonalschar von Doppelquadraten, allgemeiner von ähnlichen Rechtecken als Isothermenschar betrachten und dann die orthogonalen Kurven als Stromlinien dazuzeichnen. So folgt aus den Parallelenscharen $x = c$ und $y = c$ der gewöhnlichen quadratischen Einteilung, daß auch die schrägen Geraden

$$x + y = 0, \pm a, \pm 2a, \pm 3a, \ldots$$
$$- x + y = 0, \pm a, \pm 2a, \pm 3a \ldots$$

(von den Neigungen $\pm 45^0$) eine quadratische Einteilung geben. Aber dasselbe gilt auch von den Geraden

$$m x + n y = 0, \pm a, \pm 2a, \pm 3a, \ldots$$
$$- n x + m y = 0, \pm a, \pm 2a, \pm 3a, \ldots,$$

von denen die ersten die Neigung α haben, die sich aus $\tan \alpha = \dfrac{n}{m}$

ergibt, während für die anderen die Neigung $\beta = \alpha + \dfrac{\pi}{2}$ aus

$\tan \beta = - \dfrac{m}{n} = - \dfrac{1}{\tan \alpha}$ folgt. Die Seitenlänge der kleinen Quadrate ist dabei $s = a \cos \alpha$.

h) Wie mit x und y, so kann man auch mit lgr und ϑ verfahren. Demnach geben die Gleichungen

$$\left. \begin{array}{l} m\,(lgr) + n\vartheta = 0, \pm a, \pm 2a, \pm 3a, \ldots \\ - n\,(lgr) + m\vartheta = 0, \pm a, \pm 2a, \pm 3a, \ldots \end{array} \right\} \cdot \quad (38)$$

als orthogonale Isothermenscharen zwei Scharen logarithmischer Spiralen, welche die Strahlen eines Strahlenbüschels und die konzentrischen Kreise unter konstanten Winkeln schneiden. Die ersteren werden von der einen Schar unter einem Winkel α, von der anderen unter $\alpha + \dfrac{\pi}{2}$ geschnitten. Die Seitenlänge der kleinen Quadrate ist dabei $s = \dfrac{1}{r} \cos \alpha$.

i) Ebenso geben

$$\left. \begin{array}{l} m\,(lgp + lgq) + n\,(\varphi + \chi) = 0, \pm a, \pm 2a, \pm 3a, \ldots \\ - n\,(lgp + lgq) + m\,(\varphi + \chi) = 0, \pm a, \pm 2a, \pm 3a, \ldots \end{array} \right\} \quad (39)$$

zwei orthogonale Isothermenscharen, welche die konfokalen Lemniskaten und das zugehörige Büschel gleichseitiger Hyperbeln unter konstanten Winkeln α und $\alpha + \dfrac{\pi}{2}$ schneiden.

k) Die Gleichungen

$$\left. \begin{array}{l} m\,(lgp - lgq) + n\,(\varphi - \chi) = 0, \pm a, \pm 2a, \pm 3a, \ldots \\ - n\,(lgp - lgq) + m\,(\varphi - \chi) = 0, \pm a, \pm 2a, \pm 3a, \ldots \end{array} \right\} \quad (40)$$

geben sogenannte logarithmische Doppelspiralen, die dasselbe mit dem Kreisbüschel durch zwei Punkte und der orthogonalen Kreisschar tun.

1) Allgemein gilt der Satz: **Sind $U = 0, \pm a, \pm 2a, \pm 3a, \ldots$ und $V = 0, \pm a, \pm 2a, \pm 3a, \ldots$ zusammenghörige isothermische Kurvensysteme, so sind auch**

$$\left.\begin{aligned} mU + nV &= 0, \pm a, \pm 2a, \pm 3a, \ldots \\ -nU + mV &= 0, \pm a, \pm 2a, \pm 3a, \ldots \end{aligned}\right\} \quad . \quad (41)$$

zwei orthogonale isothermische Kurvensysteme. Das ursprüngliche Doppelsystem und das neue haben dieselben Kurven konstanter Stromdichte bezw. konstanter Stromrichtung.

Da m und n ganz beliebige reelle Zahlen sind, so gehören zu jedem System von Kurven konstanter Stromdichte und dem Orthogonalsystem von Kurven konstanter Stromrichtung unendlich viele Doppelscharen von Isothermen, für welche die ersteren diese Bedeutung haben. Hat man ein U gefunden, so läßt sich das zugehörige V bestimmen, und aus diesen beiden partikulären Lösungen findet man $mU + nV$ als allgemeine Lösung. Wichtig ist, daß die Strom- und Niveaulinien sich ebenso zusammensetzen lassen, wie die Kraftlinien Faradays und Maxwells.

8. Guébhardsche Ringe.

Prof. Dr. Adr. Guébhard von der Faculté de Médecine zu Paris hat vor 25 Jahren nach meinen Zeichnungen auf einem gewissen elektrochemischen Wege, der der Herstellung Nobilischer Farbenringe verwandt ist, eine ganze Reihe von Strom- und Potentiallinien nach Zeichnungen des Verfassers mit überraschender Genauigkeit hergestellt. Prof. H. Helmholtz hat diese Zeichnungen und die Guébhardschen Platten am 2. März 1882 der Akademie der Wissenschaften in Berlin, am folgenden Tage der dortigen physikalischen Gesellschaft vorgelegt. In den Comptes Rendus der Academie des Sciences zu Paris war schon vorher darüber berichtet worden. Auch die Akademien von Wien, München usw. haben sich mit dem Gegenstande beschäftigt. Von anderer akademischer Seite wurden die Guébhardschen Ringe als Intensitätskurven (Linien konstanter Stromdichte) bezeichnet, was

ich in einer entsprechenden Arbeit als Irrtum nachgewiesen habe
und sich auch aus den obigen Bemerkungen ergibt. Die Abweichungen von den Linien konstanter Stromdichte sind unver-
gleichlich größere, wie die von den Niveaulinien.

[Ich ließ die Figuren und Platten während des Vortrags
mit dem Bemerken zirkulieren, daß sie jetzt in den Besitz des
Museums von Meisterwerken der Technik und Naturwissenschaft
in München übergehen werden.]

9. Allgemeines über zweidimensionale Probleme.

Damit können die Probleme ebener Strömung als erledigt
betrachtet werden. Nur die Umbiegung der Ebene zur Form
zylindrischer oder kegelförmiger Flächen, zur Form der abwickel-
baren Schraubenfläche und sonstiger abwickelbarer Flächen, oder
die Übertragung der Ebene mit Hilfe der stereographischen
Projektion auf die Kugel oder ihre konforme Abbildung auf
Drehungsflächen und beliebig gekrümmte Flächen ist nötig, um
beliebig viele Strömungen in krummen Flächen zu behandeln.
Soviel über die Flächenströmungen.

Auch zahlreiche dreidimensionale Strömungen, also solche
innerhalb leitender Körper, lassen sich nach den Methoden der
Potentialtheorie oder denen der Strömung idealer Flüssigkeiten
behandeln. Eine Reihe elementarer Probleme sind in meiner
Potentialtheorie mit den einfachsten Hilfsmitteln durchgeführt.
Hier war nur beabsichtigt, von dem Wesen der Strömungen,
durch den Fall der ebenen Strömung klare Vorstellung zu geben.

Die hydrodynamischen, elektromagnetischen und
wärmetheoretischen Deutungen, auch solche der Elektrostatik und Anziehungslehre gehen aus dem oben Gesagten hervor. So stellen z. B. die Gleichungen (27) den Zustand
in der Umgebung (im elektromagnetischen Felde) für zwei gleich-
starke elektrische Strömungen in gleichen senkrechten Drähten
bei übereinstimmender Stromrichtung dar, wobei das Potential
$W = \varphi + \chi$ ist und die Kurven $\varphi + \chi = 0, \pm a, \pm 2a, \pm 3a, \ldots$
Niveaulinien des elektromagnetischen Potentials sind, während
die Linien $\lg p + \lg q = 0, \pm a, \pm 2a, \ldots$ die Rolle von Stromlinien oder Kraftlinien spielen. Entsprechendes gilt von den
übrigen Beispielen. Bei Gleichung (34) bis (36) laufen die Ströme
in den Drähten entgegengesetzt, was dem — statt + entspricht.

10. Einheiten und Dimensionen für elektromagnetische Messung.

Auf die Dimensionsverhältnisse der elektromagnetischen Wirkungen näher einzugehen fehlt für den Vortrag die Zeit. Ich verweise in dieser Beziehung auf meine elementare Potentialtheorie. Hier sei nur bemerkt, daß dabei der Begriff der Lichtgeschwindigkeit $c = 3 \cdot 10^{10}$ cm eine wichtige Rolle spielt. Die Mengeneinheit des Stromes im elektromagnetischen Maße gemessen ist das $3 \cdot 10^{10}$-fache von der elektrostatischen Einheit. Dieselbe Intensität also ist elektromagnetisch gemessen eine verhältnismäßig kleine Zahl; elektrostatisch gemessen ist sie eine große Zahl. Demnach ist $\dfrac{I_m}{I_s} = \dfrac{1}{3 \cdot 10^{10}}$, also von der umgekehrten Dimension einer Geschwindigkeit, folglich ist $\dfrac{I_s}{I_m}$ von der Dimension einer Geschwindigkeit, d. h. von der Dimension $l\, t^{-1}$. Nun war oben I_s von der Dimension $l^{\frac{3}{2}}\, m^{\frac{1}{2}}\, t^{-1}$. Aus $I_s = l\,t^{-1} \cdot I_m$ folgt für I_m die Dimension $\dfrac{l^{\frac{3}{2}}\, m^{\frac{1}{2}}\, t^{-2}}{l\,t^{-1}} = l^{\frac{1}{2}}\, m^{\frac{1}{2}}\, t^{-1}$. Nun bedeutete 1 Ampère das Strömen von $3 \cdot 10^9$ elektrostatischen Einheiten für die Sekunde durch die Querschnittsfläche des Leiters, jetzt bedeutet es $\dfrac{3 \cdot 10^9}{3 \cdot 10^{10}} = 0{,}1$ elektromagnetische Einheiten für die Sekunde. Ein Volt bedeutete $\dfrac{1}{3 \cdot 10^2}$ Arbeitseinheiten für die elektrostatische Mengeneinheit, folglich ist es gleich $\dfrac{3 \cdot 10^{10}}{3 \cdot 10^2} = 10^8$ Arbeitseinheiten für die elektromagnetische Mengeneinheit. Ein Ohm bedeutete $\dfrac{1}{9 \cdot 10^{11}}$ Widerstandseinheiten elektrostatischer Art. Jetzt ist es, da 1 Ohm $= \dfrac{1\ \text{Volt}}{1\ \text{Ampère}}$ ist, gleich $\dfrac{10^8}{0{,}1} = 10^9$ elektromagnetischer Maßeinheiten. Damit sind die wesentlichen Umrechnungen ermöglicht. Der Zustand des elektromagnetischen Feldes ist im übrigen durch die obigen Darlegungen als erledigt zu betrachten. Den Betrachtungen der neueren Lehrbücher wird man mit Hilfe dieser Kenntnisse schon leichter folgen können.

C. Elektromagnetische und elektrodynamische Fernwirkungslehren, besonders die Gesetze von Biot, Savart und Laplace, von Ampère, von Weber, Riemann, Helmholtz und Clausius.

1. Allgemeine Bemerkungen.

Das Newtonsche Gesetz wurde in einer Zeit aufgestellt, in der man an eine zeitliche Übertragung der Kraftwirkungen noch nicht denken konnte und auch eine Vermittelung durch den Äther noch nicht ins Auge faßte. Die Wirkung geschah gleichzeitig mit dem Impulse, mochte die Entfernung noch so groß sein. Aktion und Reaktion waren einander gleich. Nur die gegenseitige Lage der einander anziehenden oder abstoßenden Massenteilchen beeinflußte die Kräfte, nicht aber die relativen oder absoluten Geschwindigkeiten und Beschleunigungen. Das Newtonsche Gesetz war also ein Gesetz sofortiger Fernwirkung unter Ausschluß jeder Vermittelung.

In seiner Einfachheit beruhte seine Kraft. Die Fortschritte, die es der Mechanik, besonders der Astronomie und auch der mathematischen Physik brachte, erklären uns die unbedingte und lange Zeit dauernde Herrschaft dieses Gesetzes. Niemand wagte es anzuzweifeln. Als Faraday und später Maxwell dies dennoch taten, wurden ihre Arbeiten ablehnend behandelt. Weil man aber an der Abstraktion Newtons festhielt und besonders die Äthervermittelung ablehnte, blieben alle Versuche, die Wirkungen der elektrischen Ströme nach außen hin gesetzmäßig zu formulieren, vergebliche und höchstens solche angenäherter Richtigkeit.

Ein Überblick über die wichtigeren Versuche soll gegeben werden. Stellenweise werde ich die infinitesimale Schreibweise anwenden. Wer sie nicht beherrscht, möge sich mit den tatsächlichen Bemerkungen begnügen. Eine besondere Einbuße wird er nicht erleiden, da es sich doch nur um mißglückte Versuche handelt.

2. Die elektromagnetischen Wirkungen nach Biot, Savart und Laplace.

Nach Abschnitt B gab ein geradliniger Strom in seinem Felde konzentrische kreisförmige Kraftlinien, bei denen die Intensität umgekehrt proportional der Entfernung von der Stromachse war, also $p = k\,\dfrac{I}{r}$, während das Potential von der Form $k\,\vartheta$ war.

War ein Stromteilchen von der kleinen Länge l, war die Stromstärke I, so wirkte es auf eine magnetische Masse m, die sich in einer Entfernung r von dem Teilchen befand, mit einer Kraft

$$p = k\,m\,I\,l\,\frac{\sin\,\alpha}{r^2}, \quad \ldots \ldots \ldots \quad (1)$$

wobei α den Winkel bedeutet, den die Verbindungslinie mit der Stromrichtung bildet. Die Versuche von Biot und Savart bestätigten dies. Für die Mitte einer kreisförmigen Stromschleife ergab sich ihnen als ablenkende Kraft

$$p = k\,\frac{2\,\pi\,m\,I}{r}, \quad \ldots \ldots \ldots \quad (2)$$

wobei r der Radius der Schleife war. Während vorher die ablenkende Kraft senkrecht gegen den geradlinigen Strom gerichtet war, wirkte sie jetzt normal gegen die Ebene des Kreises.

Laplace versuchte, dieses dreidimensionale Problem für alle Punkte des Raumes zu lösen. Lag die magnetische Masse auf der Achse des Kreises, so wurde sie in deren Richtung nach der Kreismitte gezogen oder von ihr entfernt. Die Kraft war

$$p = \frac{r^2\pi kI}{s^3} = \frac{FkI}{s^3}, \quad \ldots \ldots \quad (3)$$

wobei s die Entfernung des Teilchens $m = 1$ von jedem Punkte des Kreises war. F war die Fläche des Kreises. Das zugehörige Anziehungspotential war

$$V = \pi kI\,(1 - \cos\gamma). \quad \ldots \ldots \quad (4)$$

Dabei bedeutete γ den Winkel, den s mit der Achse bildete. Dafür kann man schreiben

$$V = \frac{1}{2}\,kI\,2\pi\,(1 - \cos\gamma) = \frac{1}{2}\,kI\,2\pi\,(s - s\cos\gamma)\cdot\frac{1}{s}$$

$$= \frac{1}{2}\,kI\,\frac{2\pi h}{s}, \quad \cdot\ \cdot\ \cdot\ \cdot\ \cdot\ \cdot\ \cdot \quad (5)$$

wo h die Pfeilhöhe der Kugelkalotte bedeutet, die man um m und durch den Stromkreis legen kann. Danach ist

$$\frac{2\pi h}{s} = 4\pi\cdot\frac{2 s\pi h}{4 s^2\pi} = 4\pi\,\frac{\text{Kalotte}}{\text{Kugelfläche}}$$

$$= 4\cdot 1^2\cdot\pi\,\frac{\text{Kalotte}}{\text{Kugelfläche}} = \varphi \quad \cdot\ \cdot\ \cdot\ \cdot \quad (6)$$

d. h. φ bedeutet den Raumwinkel, unter dem der Stromkreis vom m aus gesehen wird, und dieser Winkel ist in der Formel für V als $\varphi = 2\pi\,(1 - \cos\gamma)$ enthalten. (Kalotte durch gesamte Kugelfläche gibt den Bruchteil der Oberfläche der Kugel mit Radius 1, oder den betreffenden Bruchteil des Gesamtraums.) Es ist also

$$V = \frac{1}{2}\,\varphi kI. \quad \cdot\ \cdot\ \cdot\ \cdot\ \cdot\ \cdot \quad (7)$$

Dies galt für Punkte der Achse. Befand sich jedoch m an beliebiger Stelle des Raumes, so galt nach Laplace dieselbe Formel, jedoch bedeutete jetzt φ den Raumwinkel, unter dem der Stromkreis schräg gesehen wird.

Denkt man sich V für alle Raumpunkte berechnet, so entsteht als dreidimensionales Netz der Kraftröhrenzellen das in der Figur 17 dargestellte. Diese Figur hat man sich um OA gedreht zu denken, so daß der kleine Kreis bei M_1 durch die Rotation die Drahtgestalt gibt. Gegen die entstehende Kreisebene ist die Figur zu spiegeln, so daß $M_1 O$ Symmetrielinie ist. Die um M_1 herumgehenden Ovale sind die Kraftlinien für die elektromagnetische Stromwirkung, die Orthogonalkurven bedeuten die Niveaulinien, welche bei der Drehung zu Niveauflächen werden. Legt man durch OA noch regelrecht aufeinanderfolgende Meridianebenen, so erhält man das System der Kraftröhren und der zugehörigen Zellen für arithmetisch aufeinanderfolgende Potentialwerte.

Ein freies magnetisches Teilchen also würde in der Zeichnungsebene irgend eines der um M_1 liegenden Ovale beschreiben, also die Stromebene periodisch durchschneiden. Die Bewegung von Niveaulinie zu Niveaulinie bedeutet stets dieselbe Potentialabnahme. Die Kraft aber ist proportional dem Quotienten aus der kleinen Potentialdifferenz und dem Kraftwege (d. h. durch Differentiation von V nach den Koordinatenachsen erhält man die Komponenten der Kraft.) Auf der Achse z. B. folgt sie dem durch (3) dargestellten Gesetze.

Bei Gelegenheit der Helmholtzschen Wirbelringe kommt dieses Laplacesche Resultat zur Anwendung. Deshalb war hier auf das Biot-Savartsche Gesetz zurückgegriffen. Die Zeichnung wird im Anschlusse an die Abschnitte A und B auch dem Nichtkenner der höheren Analysis das Ganze veranschaulichen. Angenähert erhält man dasselbe durch ein magnetisches Doppelblatt an Stelle des Stromkreises.

Jetzt ist zu untersuchen, was geschieht, wenn statt m ein Teilchen eines elektrischen Stromes gesetzt wird, so daß man ein elektrodynamisches Gesetz erhält.

3. Das elektrodynamische Gesetz von Ampère.

Der Ersatz eines Magnetpols durch einen Kreisstrom ist allgemein bekannt. Der Südpol entspricht dem Gange des Uhrzeigers, der Nordpol dem entgegengesetzten Laufe. Gleichgerichtete Ströme ziehen einander an, entgegengesetzt gerichtete stoßen einander ab. Gekreuzte Ströme haben die Absicht, gleichlaufende zu werden. Daraus erklärt sich z. B. die ablenkende Wirkung eines Magnetpols auf ein von ihm wegwanderndes elektrisches Teilchen, die senkrecht gegen die Stromrichtung gerichtet ist. Etwas komplizierter ist das gegenseitige Verhalten zweier beliebig gerichteter elektrischer Teilchen aufeinander.

Man denke sich unter ds_1 und ds_2 kleine Teilchen zweier elektrischer Ströme von den Intensitäten I_1 und I_2. Die Mitten der kleinen Teilchen sollen die gegenseitige Entfernung r haben. Die Richtungen der Stromteilchen mögen mit der Verbindungslinie r die beiden Winkel ϑ_1 und ϑ_2 bilden. Im allgemeinen werden die Richtungslinien einander nicht schneiden, sondern unter irgend einem Winkel ε einander kreuzen. Dann ziehen sie einander nach Ampère mit einer Kraft p an (die im Falle der Abstoßung als positiv, in dem der Anziehung als negativ zu betrachten ist), die man nach der Formel

$$p = -\frac{I_1 I_2 \, ds_1 \, ds_2}{r^2} \left[\cos \varepsilon - \frac{3}{2} \cos \vartheta_1 \cos \vartheta_2 \right]$$

oder

$$p = \frac{I_1 I_2 \, ds_1 \, ds_2}{r^2} \left[r \frac{d^2 r}{ds_1 \, ds_2} - \frac{1}{2} \frac{dr}{ds_1} \frac{dr}{ds_2} \right]$$

oder

$$p = \frac{I_1 I_2 \, ds_1 \, ds_2}{r^2} \cdot \frac{d \left[r^{-\frac{1}{2}} \dfrac{dr}{ds_1} \right]}{ds_2}$$

zu berechnen hat. Dieser Ausdruck wurde auf Grund elektrodynamischer Messungen aufgestellt und aus ihm wurde die Wirkung eines geschlossenen Stromkreises auf ein Element berechnet. Vgl. z. B. Wüllner, Band IV Seite 943. Das Potential für die Wirkung zweier geschlossener Ströme aufeinander ergab sich als ein Doppelintegral

$$W = -\frac{1}{2} I_1 I_2 \iint \frac{\cos \varepsilon}{r} \, ds_1 \, ds_2 \,,$$

welches über die beiden Stromlängen zu integrieren war. Durch Differenzierung nach X, Y und Z erhielt man also die Komponenten der Kraft nach den Achsen. Diese Folgerung zog F. Neumann.

Graßmann hat ein dem Ampèreschen Gesetze ähnliches aufgestellt. Die elektrodynamischen Maßbestimmungen W. Webers zeigten, daß das Ampèresche Gesetz nicht allgemein stichhaltig ist. Die Messungen von Ampère waren auch mehr qualitativer, als quantitativer Art gewesen.

4. Das elektrodynamische Grundgesetz von Weber.[5])

W. Weber. der Mitarbeiter von C. F. Gauß an der Göttinger Universität, formulierte auf Grund genauer Messsungen das Gesetz, nach dem eine kleine elektrische Masse m anziehend (bezw. abstoßend) auf eine freie elektrische Masseneinheit einwirkte, in der Gestalt

$$R = -\frac{m}{r^2}\left[1 - \frac{1}{c^2}\left(\frac{dr}{dt}\right)^2 + \frac{2r}{c^2}\frac{d^2r}{dt^2}\right].$$

Die Bezeichnung R soll andeuten, daß die Anziehung in der Richtung der Verbindungslinie wirkt. Das Potential ergab sich als

$$U = \frac{m}{r}\left[1 - \frac{r'^2}{c^2}\right].$$

Hier bedeutet r' den Differentialquotienten nach der Zeit, also eine Geschwindigkeit, daher ist $\frac{d^2r}{dt^2}$ eine Beschleunigung, c ist irgendeine große Konstante.

Obwohl Gauß seine Zweifel an der Richtigkeit des Gesetzes nicht verheimlichte, fand es doch weit größere Zustimmung, als jeder andere Formulierungsversuch. Dies lag wohl daran, daß das Gesetz für $c = \infty$ in das Newtonsche übergeht. Der in ihm enthaltene Geschwindigkeitsbegriff deutete ferner in unbestimmter Weise auf eine zeitliche Fortpflanzung der Wirkung hin. Probeweise nahm man vielfach unter c eine Konstante von der Größenordnung der Lichtgeschwindigkeit an. Dies würde 300000 Kilometer bedeuten, während Weber 439450 Kilometer fand. Die Abweichung ist eine verhältnismäßig kleine. Man machte sogar den Versuch, die Anziehung der Sonne auf einen Planeten, z. B. auf die Erde, mit Hilfe des Weberschen Gesetzes zu berechnen. Die Abweichung von der Keplerschen bezw. Newtonschen Planetenbahn läßt sich für großes c folgendermaßen veranschaulichen: Man denke sich eine Ellipsenschablone, in deren Brennpunkt sich die Sonne befinde. Die Erde bewege sich auf dem Ellipsenrande nach dem gewöhnlichen Planetengesetze. Der Einfluß der großen Konstante c macht sich dadurch geltend, daß die Ellipsenschablone sich während der Bewegung langsam um ihren Brennpunkt dreht. Für $c = \infty$ ist die Geschwindigkeit dieser Drehung gleich Null.

Eine Stütze erhielt das Webersche Gesetz durch eine Bemerkung des Leipziger Mathematikers C. Neumann. Denkt man sich das Newtonsche Gesetz dadurch umgeändert, daß der augenblickliche Newtonsche Anziehungsimpuls der Sonne, um auf den Planeten einzuwirken, eine gewisse Zeit gebraucht, also gewissermaßen „nachschleppt“, ähnlich, wie die Fluterscheinung zu spät kommt, dann erhält man ein Potential

$$ U_1 = \frac{m}{r}\left[1 + \frac{r'^2}{c^2}\right]. $$

Dieses Potential aber führt auf dieselben Bewegungsgleichungen, wie das Webersche Gesetz. Ich habe in meiner Promotionsarbeit, die 1870 in Halle a. S. erschien und vorher im Jahrgange 1870 der Schlömilchschen Zeitschrift für Mathematik und Physik abgedruckt war, diese Bewegungsgleichungen nach der Jacobi-Hamiltonschen Methode entwickelt und auf dem Wege der versuchsweisen Integration integriert und die soeben erörterte Veranschaulichung ausgesprochen.

Nach dieser Arbeit, deren Ergebnis bei mir nur Zweifel an der Zulässigkeit des Weberschen Gesetzes erweckten, erschienen von anderen Verfassern noch einige Versuche der Anwendung auf die Astronomie. Ich ging statt dessen dazu über, für die oben dargestellten elektrischen Strömungen im Anschluß an andere Mathematiker Beispiele zu behandeln und nach einer Reihe von Veröffentlichungen in meiner Einführung in die Theorie der isogonalen Verwandtschaften eine abgerundete Zusammenstellung zu geben.

Gegen das Webersche Gesetz wurden von Thomson und Tait Einwürfe erhoben, die sich auf die Webersche Annahme bezogen, daß der Strom als Doppelstrom entgegengesetzt fließender Elektrizitäten zu betrachten sei, Einwürfe, denen sich auch Clausius anschloß. Dieser fand außerdem die Behauptung Webers, daß die gegenseitige Anziehung nur in die Verbindungslinie r fiele, unbegründet und stellte eine Komponente, die nicht in die Stromrichtung fiele, als möglich hin, was mit einer späteren Annahme Maxwells zusammenstimmt. Den wichtigsten Einwand sprach aber Helmholtz aus. Nach ihm genüge zwar das Webersche Gesetz im allgemeinen dem Prinzip von der Erhaltung der Energie. In gewissen Fällen aber sollten Folgerungen eintreten, nach denen auf endlichem Wege unendliche Arbeit zu leisten sei, was unmöglich wäre. Namentlich Zöllner hat das Webersche Gesetz festzuhalten gesucht und es nicht nur auf astronomische Verhältnisse, sondern auf die physikalische Mechanik überhaupt auszudehnen gesucht. Seine Arbeit war vergeblich.

4*

5. Das Riemannsche Gesetz der Elektrodynamik.

Das Riemannsche Potential ist von der Form

$$U = -\frac{E_1 E_2}{r}\left[1 - \frac{v^2}{c^2}\right].$$

Danach wird die X-Komponente der anziehenden Kraft

$$X = \frac{E_1 E_2}{r}\frac{\partial r}{\partial x} + \frac{E_1 E_2}{c^2}\frac{d\,\dfrac{2}{r}\left(\dfrac{d\,x_1}{d\,t} - \dfrac{d\,x_2}{d\,t}\right)}{d\,t}$$

$$+ \frac{E_1 E_2}{c_2}\frac{1}{r^2}\frac{\partial r}{\partial x}\left\{\left(\frac{d\,x_1}{d\,t} - \frac{d\,x_2}{d\,t}\right)^2 + \left(\frac{d\,y_1}{d\,t} - \frac{d\,y_2}{d\,t}\right)^2 + \left(\frac{d\,z_1}{d\,t} - \frac{d\,z_2}{d\,t}\right)^2\right\}$$

Entsprechend lauten die Formeln für die Y- und Z-Komponente. Unter x_1, y_1, z_1 sind die Koordinaten des einen Massenpunktes E_1, unter x_2, y_2, z_2 die des anderen E_2 zu verstehen. Das Übrige ist wie vorher. Während bei Weber die Anziehung von der Geschwindigkeit und Beschleunigung in der Richtung der Verbindungslinie abhängt, ist sie bei Riemann eine Funktion der absoluten Geschwindigkeit in der Bewegungsrichtung. Die Form des Potentials ist ähnlich wie bei Weber; auch läßt sich, wie dort, ein dem Neumannschen ähnliches Potential

$$U_1 = \frac{m_1 m_2 g}{r}\left[1 + \frac{v^2}{r^2}\right]$$

zu ihm in Beziehung setzen. Auch dieses Gesetz hat man ähnlich, wie das Webersche, den Planetenbewegungen zugrunde zu legen versucht und ähnliche Bewegungserscheinungen abgeleitet. Im übrigen teilt das Riemannsche Gesetz die Vorzüge und Schwächen des Weberschen.

6. Anderweitige Formulierungen. (Helmholtz, Clausius usw.)

H. Helmholtz versuchte die Anziehung als

$$P = -\frac{1}{2}A^2 \cdot I_1 I_2 \frac{1}{r}\left[(1 + k)\cos\varepsilon - (1 - k)\cos\vartheta_1\cos\vartheta_2\right]d\,s_1\,d\,s_2$$

zu formulieren. Setzt man $k = 1$, so hat man die Form des F. Neumannschen Ausdruckes und für geschlossene Ströme ein Potential, welches dem Ampère-Neumannschen entspricht. Bei nicht geschlossenen Strömen ergeben sich Abweichungen. Der Hauptmangel war, daß keine Beziehung zwischen elektrodynamischen und elektromagnetischen Wirkungen herzustellen versucht wurde.

Eine Art von Übergangsstandpunkt war der von Clausius. Sein Potential hatte die Form

$$W = \frac{e_1\,e_2}{r}\,[1 + k\,v_1\,v_2\,\cos\varepsilon].$$

Hier sind v_1 und v_2 die absoluten Geschwindigkeiten, k ist eine Konstante. Unter absoluter Geschwindigkeit versteht aber Clausius die Geschwindigkeit in bezug auf das Zwischenmedium, etwa den Äther, welches die Übertragung der Wirkungen zu vermitteln hat. In dieser Hinsicht nähert er sich den Anschauungen von Faraday und Maxwell, jedoch unterläßt er es, auf die zeitliche Fortpflanzung der Impulse einzugehen. Daß er eine Komponente in der Richtung r, eine andere in der Bewegungsrichtung findet, erinnert auch an Maxwell. Ihm ist von Riecke vorgeworfen worden, daß das Gesetz über die Gleichheit von Aktion und Reaktion verletzt werde. Jedenfalls müsse man es auch insofern als unvollkommen bezeichnen, als es nur von der Wirkung der elektrischen Teilchen aufeinander spräche, nicht aber von den mechanischen Vorgängen im Medium, die vielleicht jenen Mangel aufheben könnten. Ähnliche Schwierigkeiten traten auch bei den neueren Theorien auf.

7. Schlußbemerkung.

Nur die wesentlichsten Versuche sind in diesem Überblicke berücksichtigt worden. Trotzdem erkennt man, daß eine ungeheure Menge geistiger Arbeit verschwendet worden ist, um ein elektrisches Fernwirkungsgesetz aufzustellen. Nach einer Mitteilung an Schumacher scheint Gauß der erste gewesen zu sein, der den Kernpunkt des Versagens in der Nichtberücksichtigung der Übertragung durch den Äther sah, also in der Nichtberücksichtigung der zeitlichen Übertragung der Kraftwirkungen. Weber hat vielleicht unter seinem Einfluß gestanden, als er wenigstens die Geschwindigkeit und die Beschleunigung in Rechnung zog, aber erst C. Neumann führte zeitliche Übertragung der Wirkungen konsequent ein.

Nachdem alle Fernwirkungstheorien gescheitert waren und Helmholtz zum Standpunkte Faradays und Maxwells überging, wurde man endlich aufmerksamer auf die Arbeit dieser englischen Forscher. Als Helmholtz die wirbelfreien und die mit Wirbeln behafteten Strömungen einer idealen Flüssigkeit, die ein Analogon im obigen Sinne sein sollten, aufgeklärt hatte, unternahm Maxwell eine endgültige mathematische Formulierung der Faradayschen Theorien. Als endlich Hertz die elektrischen Schwingungen entdeckte und sich mit Helmholtz der Maxwellschen Lehre der elektromagnetischen Lichtstrahlung anschloß, war das Eis gebrochen. Entdeckung folgte auf Entdeckung, die Lehre von den Elektronen vervollständigte die Maxwellsche Theorie, die für alle Vorgänge im Äther und in ruhenden materiellen Körpern maßgebend blieb, und so sehen wir den Ausbau der Elektrizitätslehren im Sinne des Faradayschen Grundgedankens der Äthervermittelung Schritt für Schritt vor sich gehen. Diese Entwickelung soll jetzt geschildert werden.

D. Die Theorien der Äthervermittelung.[6])

1. Die dielektrische Polarisation nach Faraday und Maxwell.

Körper, in denen die Elektrizität jeder Anziehung oder Abstoßung frei folgen kann, heißen Leiter (Konduktoren). Körper, in denen dies nicht möglich ist, heißen Nichtleiter (Isolatoren). Es gibt weder vollkommene Leiter, noch vollkommene Nichtleiter. Um aber scharf scheiden zu können, nehme man theoretische Vollkommenheit an. Man denke sich z. B. einen kugelförmigen Konduktor mit positiver Elektrizität geladen, die infolge der gegenseitigen Abstoßung der elektrischen Teilchen sich auf der Oberfläche gleichmäßig verteilt. Jetzt denke man sich die im ersten Abschnitt gegebene Einteilung des Raumes in Kraftröhren und in molekulare Kraftzellen an Stelle der obigen. Diese Zellen denke man sich z. B. als Äther enthaltende, die voneinander durch dünne Zwischenwände oder Zwischenräume getrennt sind.   Man stelle sich vor, daß in diesen kleinen Zellen die Elektrizität sich verschieben, aber nur bis in die Nähe der Wände wandern könnte. Während vor der Ladung des Konduktors die beiden Elektrizitäten in der Zelle ungetrennt beieinander lagen, werden diese nach der Ladung zunächst in den an die Kugel anstoßenden Zellen so getrennt, daß ein Teil der negativen Elektrizität möglichst nahe an die Kugel wandert, gleichviel positive aber an den entgegengesetzten Flächen sich konzentriert.   Je stärker der Konduktor geladen wird, um so mehr Elektrizität wird in diese beiden Bestandteile geschieden.   Die positive Außenschicht wirkt ebenso trennend durch Influenz auf die sich außen konzentrisch anreihenden Zellen.   Dies setzt sich nach außen hin in den Raum fort, und so sind alle Zellen mit gleichviel getrennten Elektrizitätsmengen behaftet. Nach außen hin nehmen aber die Grundflächen, an denen sich die Elektrizität ansammelt, an Größe zu mit dem Quadrate der Entfernung vom Kugelzentrum.   **Folglich wird die Dichte der Belegungen umgekehrt proportional dem Quadrate dieser Entfernung.**   Sobald der Konduktor entladen wird, kehren die elektrischen Teilchen in die Anfangsordnung zurück, in der sie ohne jede Orientierung durcheinander lagerten, so daß die Außenwirkungen einander aufhoben. Die Ladung des Konduktors hatte also in den Zellen der Kraftröhren eine Art von Zwangszustand hervorgebracht, die sog. dielektrische Polarisation.   (Ähnlich ist es mit der durch eine magnetische Ladung verursachten Polarisation.)

Ganz ebenso wie den Ätherraum denke man sich jeden Nichtleiter in solche Zellen zerlegt, in denen die Elektrizitäten sich in der entsprechenden Weise trennen können, ohne die Wände überschreiten zu dürfen.   Ob der Nichtleiter Luft oder ein anderes Gas, eine nichtleitende Flüssigkeit, oder Holz oder Glas oder ein sonstiger nichtleitender fester Stoff sei, ist gleichgültig.   In der Regel soll an den sogenannten leeren Raum gedacht werden, in dem sich aber Äther befindet, der übrigens alle Körper durchdringt.

Die benachbarten entgegengesetzten Elektrizitäten zweier Zellen ziehen im Polarisationszustande einander an.   In der Längsrichtung der Kraftröhren entsteht also eine Zugspannung, welche die Kraftlinien verkürzen will.   Die benachbarten gleichen Elektrizitäten von zwei Zellen einer Schicht stoßen aber einander ab, also in dieser Hinsicht herrscht Druckspannung. Man kann sich z. B. einen Gummifaden im Zustande einer Zugspannung denken. Läßt man diesen los, so tritt eine Verkürzung ein, während er zugleich dicker wird. In der Längsrichtung hat eine Anziehung stattgefunden, senkrecht dagegen eine Abstoßung. In entsprechender Weise wirken bekanntlich in allen elastischen Körpern bei Zugbeanspruchungen zugleich Druckbeanspruchungen.

Das den Außenraum der Kugel nichtleitend Anfüllende, z. B. auch der Äther, heißt das Dielektrikum.

Bringt man in das Dielektrikum einen Leiter, der sich z. B. der Form der Zellen anschließen möge, so sammelt sich sofort an der nach der Kugelfläche hin liegenden Grenzfläche ebensoviel Elektrizität an, wie in den anstoßenden Zellen des Dielektrikums. Nähert man also den Leiter der Kugel, so wird diese Ansammlung stärker; entfernt man ihn, so wird sie schwächer. Die besprochene Zugspannung wirkt auf den beweglichen Leiter in höherem Grade anziehend, als etwa abstoßend auf die an der Gegenfläche angesammelte Elektrizität. Er hat also das Bestreben, sich der Kugel zu nähern. Diese ponderomotorische Anziehung ist aber keine Fernwirkung mehr, sondern sie ist vermittelt worden durch das polarisierte Dielektrikum. Zu dessen Zwangszustande also gehört es, daß die Elektrizitäten sich nicht über die Zellenwände hinaus bewegen können, sondern wie etwa durch Gummifäden an die Zelle gefesselt bleiben. Im Leiter hat zwar, wie in der Einzelzelle, eine Trennung der Elektrizitäten durch Influenz stattgefunden, aber, da es sich hier um freie Beweglichkeit handelt, ist ein Zwangszustand im leitenden Stoffe nicht vorhanden.

Die Kraftlinien des Zwangszustandes befinden sich also nur im Nichtleiter, d. h. sie beginnen an einem Leiter und endigen an einem solchen. Jenseits des Leiters aber setzen sie sich im Dielektrikum fort.

Hierin liegt ein Unterschied gegen den Magnetismus. Bei diesem sind alle Kraftlinien geschlossen, weil alle unmagnetischen Körper dem Magneten gegenüber sich wie ein Dielektrikum der elektrischen Ladung gegenüber verhalten. Die magnetischen Kraftlinien gehen also zum Magnet zurück. Bei den elektrischen

Kraftlinien ist dies nicht der Fall.   Auch noch andere Unterschiede sind vorhanden.

Das hier Vorgetragene entspricht dem Newtonschen, bzw. Coulombschen Gesetze, es erläutert die Abnahme der Wirkungen mit der Entfernung, also das Verhalten der Kräfte umgekehrt proportional dem Quadrate der Entfernung, auch stimmt es zu dem Vergleiche mit dem Fließen einer idealen Flüssigkeit, bei der die Geschwindigkeit an Stelle der Kraft, das Geschwindigkeitspotential an Stelle des Kraftpotentials tritt.

Hatte der Konduktor die Gestalt einer Ebene (unendlich große Kugel), so war jede Kraftröhre überall von demselben Querschnitt, also die Polarisation überall gleich stark.   Ein solches Feld wird als ein homogenes Feld bezeichnet.   Das Nötige darüber ist schon im ersten Abschnitte auseinandergesetzt.

Die Konsequenz des Faradayschen Gedankens geht allerdings dahin, daß das Dielektrikum der eigentliche Sitz der Elektrizität sei.   Bei einem geladenen Konduktor wäre also die Elektrizität nur künstlich an dessen Außengrenze gebracht, ohne jedoch irgendwie ins Innere einzudringen.   Sie haftet aber beweglich am Leiter, kann also auf ihm strömen.

Hat der Konduktor eine beliebige Gestalt, oder besteht er aus getrennten Teilen, so nehmen die Kraftlinien eine entsprechend andere Gestalt an.   Elementare Beispiele findet man z. B. in meiner elementaren Potentialtheorie.   Jede der dort behandelten Niveauflächen kann als Konduktor benutzt werden. Die Dichte der Belegung ist dabei umgekehrt proportional den Dimensionen der Grundflächen der an den Konduktor anstoßenden Kraftröhren, was auch mit der Flächenkrümmung des Konduktors zusammenhängt. In allen Kraftröhren der gesetzmäßigen Einteilung ist die Intensität der Verschiebung dieselbe, ebenso die Ladung jeder Grundfläche.

Dasjenige, was Faraday zu dieser Vorstellungsweise nötigte, war der Begriff der Kapazität.   Unter Kapazität eines endlichen Konduktors versteht man die Ladung, die nötig ist, seine Oberfläche auf das Potential 1 zu bringen.   Kapazität ist also die spezifische Ladung, d. h. die Ladung für die Einheit der Potentialfunktion, also

$$\text{Kapazität} = \frac{\text{Ladung}}{\text{Potentialfunktion}}.$$

Die Potentialfunktion war die Arbeit, die nötig war, die Masseneinheit aus unendlich großer Entfernung auf den Konduktor zu schaffen, wenn dieser eine Kugel war. Hatte diese den Radius r, so war die Potentialfunktion gleich $\frac{1}{r}$. Demnach ist dabei die Kapazität gleich $\frac{1}{\left(\frac{1}{r}\right)} = r$, gleich dem Kugelradius. In der Tat ist die Dimension des Ausdrucks

$$\frac{\text{Ladung}}{\text{Potentialfunktion}} = \frac{m^{\frac{1}{2}}\, l^{\frac{3}{2}}\, t^{-1}}{m^{\frac{1}{2}}\, l^{\frac{1}{2}}\, t^{-1}} = l,$$

also eine Länge. Die Kugel vom 100-fachen Halbmesser hat also die 100-fache Kapazität. Die technische Einheit der Kapazität ist gleich $\dfrac{1 \text{ Coulomb}}{1 \text{ Volt}} = \dfrac{3 \cdot 10^9}{\left(\dfrac{1}{300}\right)} = 9 \cdot 10^{11}$ absolute Einheiten des $C.G.S.$-Systems.

Das über die Kapazität Gesagte gilt aber nur dann, wenn das Dielektrikum der Äther, oder (was beinahe dasselbe ist), die atmosphärische Luft war. Ist sie nämlich bei Luft für eine Kugel mit Radius 1 cm gleich 1, so ist sie bei Schwefelkohlenstoff gleich 1,8, bei gewöhnlichem Glase 3, beim Wasser 80 usw. Dagegen ist das Metall der Kugel gleichgültig. Die Kapazität ist also durchaus abhängig vom Dielektrikum. Und daraus schloß Faraday, daß dieses der eigentliche Sitz der Elektrizität sei. Die genannten Verhältniszahlen 1, 1,8, 3, 80 usw. heißen die Dielektrizitätskonstanten der betreffenden Stoffe, sie drücken also das Verhältnis zur Luft in der besprochenen Hinsicht aus.

[Hinsichtlich der Messung des Potentialwertes sei an dieser Stelle noch eine wichtige Bemerkung gemacht. Bei Wärmeströmungen war Temperatur das, was dem Potential bei Elektrizitätsströmungen entsprach. Wie man die Temperatur im praktischen Leben willkürlich vom Schmelzpunkte des Eises ab mißt, kann man auch den Potentialwert von irgend einem festen Werte aus messen. Man hat sich geeinigt, den Potentialwert eines Konduktors, der mit der Erde in leitende Verbindung gebracht ist, als Nullpunkt des Potentialwertes zu betrachten. Man kann ja überhaupt nur Potentialdifferenzen messen, nicht absolute Potentialwerte, genau so, wie man auch den Nullpunkt der absoluten Temperatur praktisch nicht bestimmen kann, sondern ihn auf Grund hypothetischer Gesetze ebenso hypothetisch festgestellt hat.]

Nach dem Gesagten würde demnach die Ladung nicht eigentlich in das Metall der 'Kugel gebracht worden sein, sondern nur in die Grenzschicht zwischen Metall und Dielektrikum. In dieser Grenzschicht aber muß sie als beweglich angenommen werden, denn sonst würde die obige Definition des Leiters ganz hinfällig sein, während sie jetzt zum mindesten als korrigiert erscheint. Danach würden auch die elektrischen Ströme nicht im Innern des Drahtes fließen, sondern nur längs seiner Oberfläche sich bewegen.

Erst durch die Hertzschen Versuche über elektrische Wellen, die von den Nichtleitern durchgelassen, von den Leitern aber reflektiert wurden, ergab sich experimentell die Richtigkeit der Faradayschen Vorstellungsweise. Die Formeln der Abschnitte A und B bleiben bestehen, sobald man das dort Gesagte in der Weise Maxwells mathematisch formuliert.

Die Arbeit, die beim Heranbringen der Ladung an den Konduktor geleistet worden ist, erscheint gewissermaßen als potentielle Energie wieder, die im Zwangszustande des elektrischen Feldes begründet ist. Die elektrischen Verschiebungen im Dielektrikum bedürfen genau so vieler Arbeit, wie das Heranbringen der Ladung an den Konduktor. Die betreffende Potentialdifferenz wird bei der Entladung wieder frei. Die Verschiebung im Dielektrikum wird als Verschiebungsstrom bezeichnet.

Das Überspringen eines elektrischen Funkens ist ein gewaltsames Durchbrechen des Dielektrikums.

Maxwell hat den Zustand eines Leiters und eines Nichtleiters durch Vorstellungsbilder mehrfacher Art verständlich gemacht. Unter anderem vergleicht er jedes Teilchen irgend eines Dielektrikums mit einem wirbelnden (in Drehung befindlichen) Partikelchen. Zwischen den Stoffteilchen befinden sich kleinere

elektrische Teilchen (die von manchen Physikern einfach als
Ätherteilchen aufgefaßt werden, was aber besser vermieden wird,
weil der Äther selbst ein Dielektrikum ist). Die elektrischen
Teilchen, die inkompressibel zu denken sind, trennen also die
Stoffteilchen voneinander wie Scheidewände. Ist der Körper leitend,
so folgen die elektrischen Teilchen jeder elektromotorischen Kraft,
können also zwischen den Stoffteilchen zirkulieren, z. B. fließen,
oder auch rollen, wobei sie ähnlich, wie Reibungsräder oder
Friktionsrollen an den Stoffteilchen, die am Platze bleiben, wirken.
Ist der Körper ein Nichtleiter, so können die elektrischen Teilchen
sich nicht frei bewegen, sie können sich ähnlich, wie bei Faraday,
nur sehr wenig verschieben, sie werden gewissermaßen zurück-
gehalten, als wenn sie durch elastische Gummifäden an den Platz
gefesselt würden. Der Zustand der Polarisation ist also im wesentlichen derselbe, wie bei Faraday.

Statt der elektrischen Friktionsrollen denkt sich Maxwell
wohl auch Zahnräder, überhaupt irgend welche Verkoppelungen
der Moleküle. Diese Vorstellungsbilder sollen aber sämtlich nur
rohe Veranschaulichungen sein. Das Bild der Friktion ist wohl
das treffendste. Dabei können sich die elektrischen Teilchen nur
unter Reibung bewegen, so daß im Sinne von Joule Wärme entsteht. Ein längerer Strom ist nur in einem geschlossenen Leiter
möglich, denn die bewegten Teilchen müssen durch andere ersetzt
werden, was nur in einem Strome von unendlicher Länge oder
in einem in sich zurückkehrenden möglich ist. Wandert ein
Strom längs eines Drahtes, so rollen z. B. die elektrischen Teilchen
und setzen die benachbarten Stoffteilchen des Dielektrikums in
drehende Bewegung, die nun wieder auf die ihnen benachbarten
elektrischen Teilchen drehend wirken, die, wie sie selbst, im wesentlichen am Platze bleiben müssen. Darüber soll erst im Anschluß
an die Wirbelbewegungen von Helmholtz gesprochen werden.
Wirbelvorstellungen hatte bekanntlich schon Ampère bei der Theorie
des Magnetismus benutzt.

2. Die hydrodynamische Wirbeltheorie von Helmholtz.[7])

Ich greife jetzt zurück auf die obigen hydrodynamischen
Analogien, wie sie im Abschnitt A und B dargestellt wurden. Die
Flüssigkeit wurde inkompressibel und reibungsfrei gedacht. Die

zweidimensionalen Probleme des Abschnitts B geben den leichtesten Einblick in die Theorie der wirbelfreien Bewegungen, bei denen die Geschwindigkeit das Bild der Kraft ist, das Geschwindigkeitspotential aber dem Kraftpotentiale entspricht. (Differenzierung des Geschwindigkeitspotentials nach den Achsen gibt die Komponenten der Geschwindigkeit.) Er gab auch Anwendungen, die man elementar behandelt in meiner Potentialtheorie findet, z. B. die Lehre von den zweidimensionalen freien Ausflußstrahlen. Ich selbst habe noch weitere beigefügt. Auch die dreidimensionalen Strömungen behandelt Helmholtz in entsprechender Weise. Um jedoch neben den elektrischen Strömungen die elektromagnetischen Wirkungen elektrischer Ströme in Drähten zu veranschaulichen, ging er von den wirbelfreien Strömungen zu den mit Wirbeln behafteten über.

Um seinen Wirbelbegriff zu verstehen, denke man sich zunächst einen gewöhnlichen Kreiszylinder von geringem Querschnitt. Jede Gerade der Zylinderfläche denke man sich durch Wasserteilchen gehend, die an der Stelle bleibend um die Gerade als Achse gleich schnell rotieren. Eine solche Gerade nennt Helmholtz eine Wirbellinie. Die Zylinderfläche bestehe aus lauter solchen Wirbellinien. Diese trennen den Außenraum der Flüssigkeit vom zylindrischen Innenraum wie eine Scheidewand. Beide Räume denke man sich zunächst als ruhende Flüssigkeit. Den Zylinder und die an seiner Wand rotierenden Flüssigkeitsteilchen und die sonstige eingeschlossene Flüssigkeit bilden das, was Helmholtz einen Wirbelfaden nennt. Dies ist aber nur das einfachste Beispiel. Man kann den Zylinder auch elliptisch oder sonstwie geformt denken, man kann sich die Gestalt dieser Röhre auch unzylindrisch denken, so daß die Wandlinien nicht mehr Gerade sind, wenn auch die Mittellinie noch gerade sein mag. Dann versteht man unter gekrümmter Wirbellinie wieder eine solche, um deren Teilchen als Achsen die zugehörigen Wasserteilchen rotieren. Dann ist aber noch festzusetzen, daß die Drehungsgeschwindigkeit der Teilchen umgekehrt proportional dem jedesmaligen Querschnitt des Wirbelfadens sei. So ist z. B. $\vartheta_1 : \vartheta_2 = q_2 : q_1$, also $\vartheta_1 q_1 = \vartheta_2 q_2$ eine konstante Größe, die man als die Intensität des Wirbelfadens bezeichnet. Die Intensität des Wirbelfadens ist also überall konstant, wie die eines elektrischen Stromes in einem Drahte von wechselndem Querschnitt. (Unter Querschnitt ist stets eine Fläche zu verstehen.)

Hat ein kleines Stück des Wirbelfadens den Querschnitt q_1 und die Länge l_1, und ändert sich aus irgend welchen Gründen die Größe des Querschnitts in q_2, die Länge in l_2, so muß, weil der Inhalt derselbe bleiben soll (Inkompressibilität), $q_1 l_1 = q_2 l_2$ sein. Demnach muß nach obigem die Drehungsgeschwindigkeit auch proportional der Länge sein. Streckt sich also der Faden, so nimmt sein Querschnitt ab, die Drehungsgeschwindigkeit aber nimmt in demselben Maße zu. Die Intensität bleibt ungeändert.

Fig. 12.

Da in der Mechanik unendlich große Drehungsgeschwindigkeiten nicht stattfinden, so kann der Querschnitt des Wirbelfadens nie gleich Null werden. Der geradlinige Wirbelfaden kann also in der Flüssigkeit nicht aufhören, er kann höchstens an den Grenzen der Flüssigkeit zu Ende gehen.

Es gibt aber auch krummlinige Wirbelfäden. Auch diese können nur an den Wänden der Flüssigkeit enden. Geschieht dies nicht, so muß ihre Gestalt einem in sich zurücklaufenden Drahte gleichen. Im übrigen gilt von ihnen in bezug auf Drehungsgeschwindigkeit der Wandteilchen, auf Querschnitt und Länge dasselbe wie von den geradlinigen Wirbelfäden. Eine besonders wichtige Form ist die eines kreisförmigen Wirbelfadens von überall gleichen Kreisquerschnitten, der einem kreisförmig gebogenen Drahte entspricht. Er wird als Wirbelring bezeichnet. (Regelmäßige Zyklide oder Torus.)

Ein Wirbelfaden besteht stets aus denselben Flüssigkeitsteilchen. Jede seiner Wirbellinien bleibt stets Wirbellinie, enthält also stets dieselben um ihre Teile als Achsen rotierenden Wasserteilchen. Die Intensität eines Wirbelfadens ist stets konstant.

Alles, was hier aus Gründen der leichteren Verständlichkeit über die Wirbelfäden ausgesagt ist, leitet Helmholtz aus den üblichen Gleichungen der Hydrodynamik streng ab, und zwar aus folgenden Sätzen: Ein Teilchen der Flüssigkeit, welches augenblicklich nicht rotiert, hat nie rotiert und wird nie rotieren. Ein rotierendes Teilchen rotiert im allgemeinen stets. Ein geradliniger

Wirbelfaden bleibt im allgemeinen stets an derselben Stelle der Flüssigkeit; ist jedoch ein zweiter vorhanden, oder befindet er sich in der Nähe einer festen Wand, so treten näher zu untersuchende Wanderungen ein. Ein geradliniger Wirbelfaden übt auf die ihn umgebende Flüssigkeit eine Art von Drehungswirkung aus, bei der die Geschwindigkeit proportional der Entfernung ist und eine konstant bleibende langsame Kreiswanderung um seine Achse im Sinne der eigenen Drehung gibt. Diese Gesamtbewegung der Flüssigkeit ist aber eine rein translatorische. Sie folgt dem Gesetze eines Winkelpotentials $W = k\varphi$, so daß die Geschwindigkeit $v = \dfrac{k}{r}$ ist.

Wie sich Helmholtz diese Wirksamkeit molekular vermittelt denkt, darüber äußert er sich nicht. Er will nur ein Analogiebild schaffen. Man könnte, wie bei Maxwell, an Reibungswirkung denken, aber die Reibung hat er ja ausgeschlossen. Der Zustand wird einfach als vorhanden hingestellt. Zentrifugalkräfte treten bei der gesamten Bewegung nicht auf, da die Flüssigkeit im unendlichen Bereiche ruht und nicht zusammendrückbar ist. (Prof. Föppl äußert sich über diesen Punkt in seiner Dynamik in ähnlicher Weise; Kirchhoff schweigt darüber. Von einem Einflusse im gewöhnlichen Sinne kann eigentlich nicht die Rede sein, da die Bewegung theoretisch von jeher dieselbe gewesen ist und dieselbe bleiben soll. Es kann nur von Erhaltung des Zustandes die Rede sein.) Ist nun ein zweiter geradliniger Wirbelfaden vorhanden, der dem ersten parallel ist und mit ihm in demselben Sinne wirbelt,

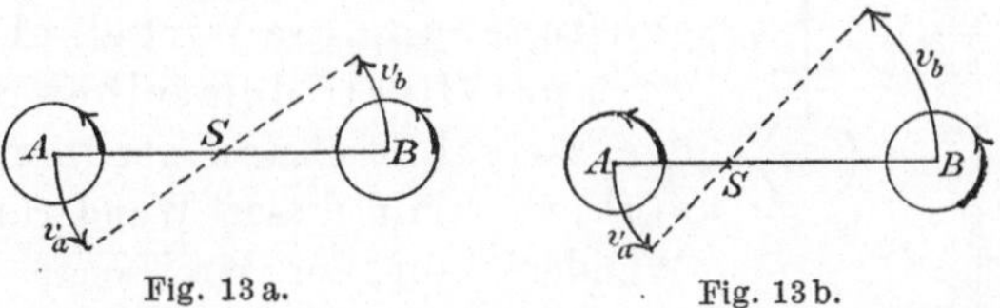

Fig. 13 a.   Fig. 13 b.

so drehen sich beide um die gemeinschaftliche Schwerpunktslinie. Der Schwerpunkt ist dabei so aufzufassen, daß er die kürzeste Verbindungslinie der beiden Achsen im umgekehrten Verhältnis der Intensitäten teilt. Diese

Schwerlinie ist dabei die ruhende Linie der Flüssigkeit des unbegrenzten Bereiches. Sind die Intensitäten gleich, so ist sie die Mittellinie der parallelen Achsen. Denkt man sich beide Wirbelfäden von gleicher Intensität und festgehalten, so würde die gesamte Flüssigkeit nach dem Gesetz der Lemniskaten zweiter Ordnung strömen, derart, daß sie in den kleinen Ovalen um jeden Wirbel im Drehungssinne wandert, in den größeren dagegen um beide herumgeht. Diese Bewegung ist dann mit der Drehung um die ruhende Schwerlinie zu kombinieren. (Helmholtz spricht sich über diesen Punkt nicht näher aus, ebensowenig seine Nachfolger.)

Ist der zweite Wirbelfaden wiederum parallel zum ersten, haben aber beide entgegengesetzten Wirbelsinn, so ist die eine Intensität positiv, die andere negativ, und die ruhende Schwerlinie liegt außerhalb.

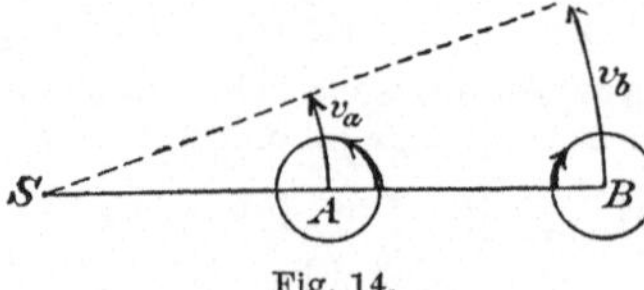

Fig. 14.

(Man denke an den Angriffspunkt paralleler, aber entgegengesetzter Kräfte, die an einer Geraden angreifen.) Die Wirbelachsen drehen sich also in konzentrischen Kreisen um die Schwerlinie. Denkt man sich beide festgehalten und von derselben Intensität, so wandert die Flüssigkeit nach dem Gesetz der Kreisschar (vgl. Abschnitt B). Sie fließt also zwischen beiden Wirbeln im Sinne der inneren Wirbelbewegung und geht außerhalb zurück. Diese Bewegung auf den Kreisen der Schar ist dann mit der Drehung um die Schwerlinie zusammenzusetzen.

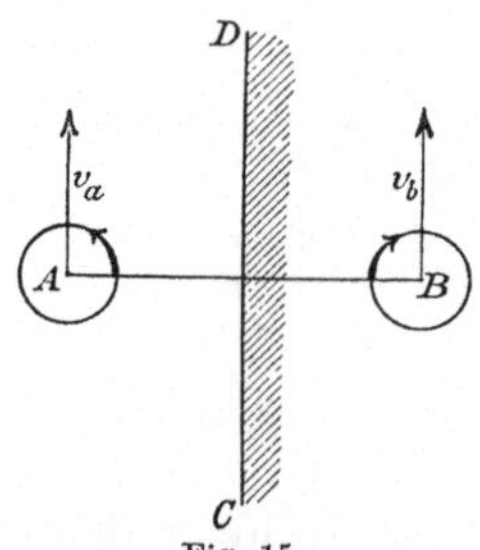

Fig. 15.

Dabei fällt (wie beim Kräftepaar) die ruhende Schwerlinie ins Unendliche, und die Wirbelachsen wandern parallel in demselben Sinne, wie die zwischen ihnen strömende Flüssigkeit. Mit dieser Wanderung ist das Wandern auf der Kreisschar zu kombinieren.

Denkt man sich die Mittelebene der beiden Wirbelachsen in diesem Falle als eine feste Wand, so braucht man sich nur um die eine Hälfte der Flüssigkeit zu kümmern und erkennt, daß ein solcher Wirbel längs einer festen Wand eine Parallelbewegung macht, von der dasselbe gilt, wie vorher. Er wandert im Sinne der zwischen ihm und der Wand stattfindenden Strömung.

Bei drei und mehr parallelen, geradlinigen, gleichsinnigen Wirbelfäden ruht ebenfalls die Schwerlinie. Abgesehen von den Fällen regelmäßiger Lagerung und absolut gleicher Intensitäten werden aber die Bewegungen ziemlich komplizierte. Es handelt sich im allgemeinen um irreguläre Lemniskaten höherer Ordnung im Sinne von Kapitel X und XI meiner isogonalen Verwandtschaften. Einige ganz einfache Fälle hat Gröbli in seiner Göttinger Promotionsarbeit (1877) behandelt.

Von besonderer Wichtigkeit ist der schon genannte Fall eines regelmäßigen Wirbelfadens von Kreisgestalt, eines sogenannten Wirbelringes, der also die Form einer gewöhnlichen Zyklide (oder eines Torus) hat. Er entspricht dem Falle einer kreisförmigen Drahtschleife, die von einem Strome durchflossen wird. Die auf die umgebende Flüssigkeit ausgeübte Wirkung des zunächst festgehaltenen Ringes entspricht dem durch Fig. 17 dargestellten Stromnetz, welches um OA rotierend zu zeichnen ist.

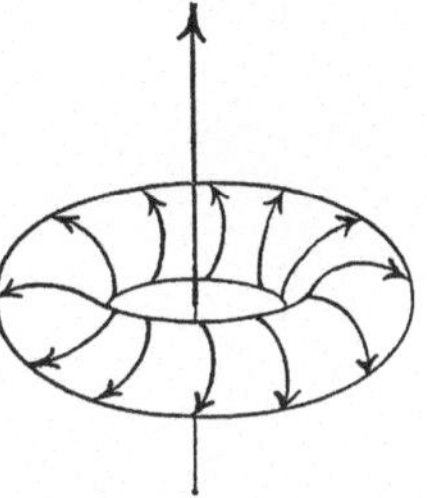

Fig. 16.

Die Flüssigkeit strömt den dortigen Kraftlinien entsprechend periodisch durch die Kreisebene und kehrt in sich selbst zurück. Je zwei diametrale Hauptschnittkreise des Ringes entsprechen dabei dem Schnitte zweier paralleler gerader Wirbelfäden von entgegengesetzt gleichen Intensitäten. Jedes Paar zeigt also das Bestreben einer geradlinigen Fortbewegung. Demnach wandert der einzelne Wirbelring in seiner Achse geradlinig vorwärts, und dies geschieht in der Richtung, in der die äußere Flüssigkeit die innere Öffnung passiert. Die durch Fig. 17 dargestellte Bewegung in den Kraftlinien ist mit dieser fortschreitenden Bewegung zu kombinieren. Danach würden die Teilchen der wandernden Flüssigkeit nicht in sich zurückkehren, sondern eine Art verallgemeinerter zykloidscher Bewegung machen.

Man denke sich nun hinter dem wandernden Wirbelringe einen zweiten, der ihm parallel ist und in derselben Achse wandert. Sein Wirbelsinn soll derselbe sein wie der des vorigen.

Da die in den ersteren einströmende Wassermasse sich gewissermaßen zusammenzieht, also auch die Bewegung sich beschleunigt (die Geschwindigkeit ist umgekehrt proportional dem Abstande von Niveaufläche zu Niveaufläche), so wird auch er in der Ebene seines Kreises sich verengen, in seiner Dicke aber sich ausdehnen, so daß der Inhalt derselbe bleibt. Dabei holt er den ersten Ring ein und schlüpft durch seine Öffnung hindurch. Dann verlangsamt er seine Geschwindigkeit, dehnt sich in seiner Ebene mit der wandernden Flüssigkeit aus und wird entsprechend dünner. Dann aber übernimmt der zurückgebliebene

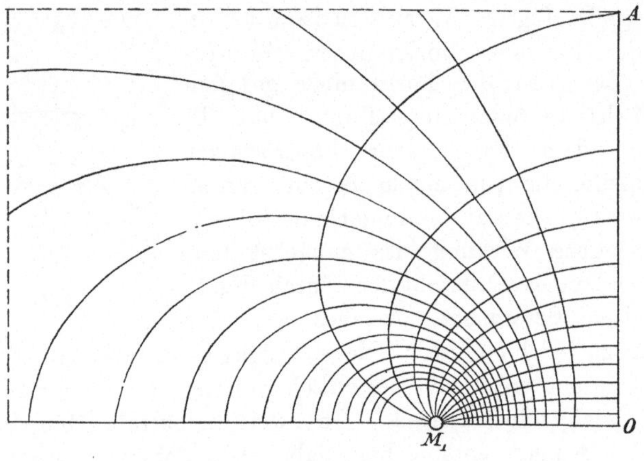

Fig. 17.

Ring seine vorherige Rolle, dieser holt ihn ein und durchschlüpft ihn. Periodisch wiederholt sich dieser Vorgang, der nun naturgemäß auch die Bewegung der umgebenden Flüssigkeit beeinflußt.

Während zwei gleichsinnige parallele Wirbelringe miteinander in dieser Weise wandern, wandern nichtgleichsinnige (entgegengesetzt wirbelnde) gegeneinander. Dabei dehnen sie sich beide in ihrer Ebene aus, verdünnen sich also, und diese Ausdehnung wächst über alle Grenzen, so daß sie sich schließlich der Beobachtung entziehen würden.

Betrachtet man ihre Mittelebene als feste Wand, so erkennt

man, daß ein in der Nähe einer festen Grenzwand befindlicher
Wirbel nach dieser hinwandern kann und sich dabei in seiner Ebene
bis ins Unendliche ausdehnt.   Aber auch das Entgegengesetzte
kann stattfinden, je nach dem Sinne des Wirbelns.

Verwandte Wirbelringbewegungen finden in der Luft statt.
Bisweilen werden solche Ringe von stillstehenden Lokomotiven
in Form von Wasserdampf ausgestoßen. Raucher können sie auch
hervorbringen und bei größerer Übung sie auch hintereinander
herschicken, so daß der obige periodische Vorgang veranschaulicht
wird.   Man kann auch einen Pappwürfel mit solchem Rauch an-
füllen und durch einmaliges Klopfen veranlassen, daß ein Wirbelring aus einer angebrachten kreisförmigen Öffnung heraustritt.

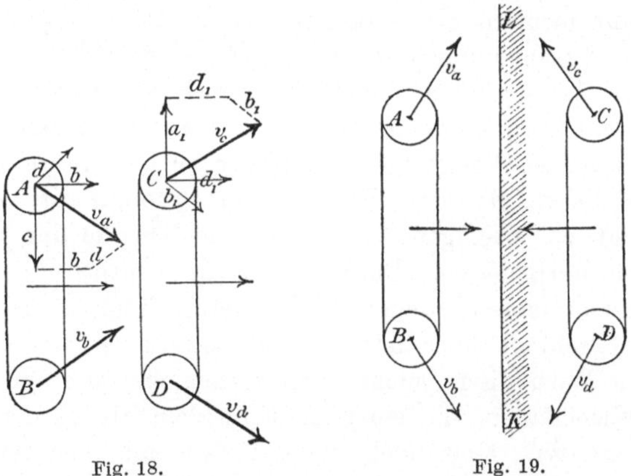

Fig. 18.   Fig. 19.

Bei mehrmaligem Klopfen folgen dann mehrere Ringe aufeinander.
Dabei kann einer durch den vorangehenden hindurchschlüpfen.
Bei der Dynamik dieser Gasringe ist jedoch wohl zu beachten,
daß sie nicht in einer inkompressiblen Flüssigkeit schwimmen.
Diese Erscheinung im Luftozean ist für dessen Dynamik ebenfalls
von Wichtigkeit, erfordert aber die Überwindung größerer Schwierigkeiten.   Kleinere Wirbel, nicht die großen translatorischen, die
man bei atmosphärischen Störungen beachtet, sind den Wirbelfäden und Wirbelringen verwandt.

Mit der Theorie der Wirbelerscheinungen hat Helmholtz der
Lehre von der Dynamik idealer Flüssigkeiten seit den Arbeiten

5*

von Lagrange den ersten Anstoß zum weiteren Fortschritt gegeben. Allerdings ist diese Lehre nur eine Abstraktion, die für die Wirklichkeit nur rohe Annäherungen bietet. Man bedenke aber, daß es sich zugleich um eine Veranschaulichung der elektromagnetischen Wirkungen von Kreisströmen handelte. Der große Erfolg dieses Forschers ermutigte Maxwell erst zum wirklichen mathematischen Ausbau der Faradayschen Gedanken und zugleich zur Inangriffnahme der elektromagnetischen Lichttheorie. Als später Hertz die elektrischen Wellenbewegungen entdeckte, die eine Bestätigung der Maxwellschen Gedanken bedeutete, hörte man auf, die Theorien des englischen Mathematikers zu vernachlässigen, die nun siegreich die wissenschaftliche Welt eroberten und eine Periode der Entdeckungen hervorriefen, wie die physikalischen Wissenschaften sie noch nie erlebt haben. Allerdings war der Sieg nur insofern ein partieller, als die Gleichungen Maxwells nur für die Erscheinungen im Äther maßgebend bleiben konnten. Der weitere Ausbau blieb der Elektronentheorie vorbehalten.

Der von Helmholtz gegebene Anstoß zur Behandlung der hydrodynamischen Gleichungen hat bisher zu keinem weiteren Ausbau seiner Lehre geführt. Das Zweidimensionale ist verhältnismäßig leicht zu erledigen, also z. B. die Theorie der parallelen geradlinigen Wirbelfäden. Dagegen hat die Bearbeitung des dreidimensionalen Gebietes derartige Schwierigkeiten zu überwinden, daß auch Kirchhoff über das behandelte Elementarproblem der einfachsten Wirbelringe nicht hinausgegangen ist. Sowohl geradlinige Wirbelfäden, die einander schneiden, als auch solche, die einander kreuzen, sind noch nicht behandelt; ebensowenig allgemeine Dupinsche Zykliden.

[Wenn ich in meiner Potentialtheorie im Anschluß an Ampère das Innere des Wirbelfadens vollständig mit Wirbellinien erfüllte, so hatte dies nur eine abweichende Definition der Intensität zur Folge, führte aber nicht zu Abweichungen hinsichtlich der Wirkung nach außen. Hier hielt ich es für zweckmäßig, ganz der Helmholtzschen Darstellung zu folgen. Es handelt sich dabei nur um verschiedene Auffassungen, über deren Wert sich nicht streiten läßt. Die Helmholtzsche scheint darauf zu beruhen, daß nach Faraday und Maxwell und Hertz der elektrische Strom nur auf der Außenwand des Drahtes fließt. Deshalb sollten die Wirbel der Moleküle auch nur dort stattfinden.]

3. Maxwellsche und diesen verwandte Vorstellungsbilder über elektromagnetische und elektrodynamische Stromwirkungen[8]).

Man wirft Maxwell vielfach Mangel an Anschaulichkeit vor. Sogar ein Forscher wie Hertz muß in der Vorrede zu seinen gesammelten Abhandlungen erklären, er könne nicht verbürgen, ihn stets richtig verstanden zu haben. Dies gilt wohl besonders von den Verkoppelungen zwischen den elektrischen Teilchen und den Molekülen des Dielektrikums.

Was sich an die Faradayschen Kraftröhren anschließt, ist zum Teil in die elementaren Lehrbücher übergegangen. Wie z. B. der elektrische Strom eines Drahtes auf die Pole einer Magnetnadel einwirkt, wird gezeigt, indem man das zu einem Pole gehörige Strahlenbüschel mit den kreisförmigen Kraftlinien des Stromes kombiniert, woraus sich sofort der überwiegende Einfluß auf den Pol ergibt. Er wandert ungefähr nach der Richtung, in der die Strahlen und die konzentrischen Kreise gleichgerichtet sind, nicht aber dahin, wo sie entgegengesetzt gerichtet sind. Ähnlich ist es mit den Kraftlinien für gleich- oder entgegengesetzt gerichtete Parallelströme. Dies alles ist unter A und B hinlänglich erläutert und soll hier übergangen werden.

Auch die Induktionswirkungen, die in einem geschlossenen Drahtkreise entstehen, wenn er aus einem Bereiche dichtlagernder Kraftlinien in einen solchen mit weniger dicht lagernden eintritt, mögen als bekannt vorausgesetzt werden. Eingehender will ich die Verkoppelungen der Moleküle behandeln. Einzelne Physiker denken sich die Moleküle wie durch elastische Fäden, die nach Art der Treibriemen wirken, verkoppelt.

Ich habe mir im Anschluß an Maxwell die Vorgänge im Felde in folgender Weise zurechtgelegt, die ich vor längeren Jahren in der Zeitschrift deutscher Ingenieure veröffentlichte und, da ich sie später in einer elektrischen Fachzeitschrift wiederfand, auch in meine Potentialtheorie aufnahm.

Figur 20 stelle einen geradlinigen Draht vor, auf dessen Oberfläche elektrische Teilchen vorwärtsrollen, wie es aus der Reibung sich ergeben würde. Sie wirken wie Reibungsräder auf die benachbarten Teilchen des Dielektrikums, die sich nicht weit bewegen können, drehend ein. Diese wirken ebenso drehend auf

die benachbarten an sie gefesselten elektrischen Teilchen der
Normalebene des Stromes ein, diese auf den folgenden Ring von
Teilchen des Dielektrikums usw. Die rechts vom Strome ge-
zeichneten Teilchen des Dielektrikums wirbeln bei dieser Vor-
stellungsart sämtlich in dem einen Sinne, die an sie gefesselten
elektrischen Teilchen im entgegengesetzten. Die Übertragung der
Wirkungen nach außen nimmt ähnlich, wie bei Reibungskuppe-
lungen, Zeit in Anspruch. Die Wirkungen sind, weil die Anzahl
der betroffenen Teilchen nach außen hin mit der Entfernung zunimmt, umgekehrt proportional zu dieser. Ist das Dielektrikum der Äther, so denke man sich eine Fortpflanzungsgeschwindigkeit gleich der des Lichtes. Ändert sich der Strom nicht, so bleibt

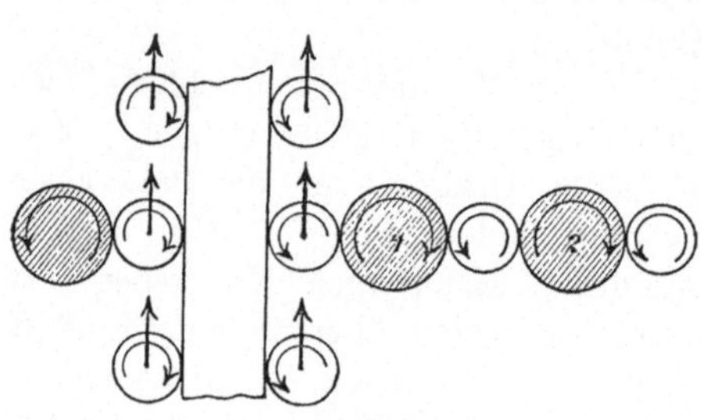

Fig. 20.

die Wirbelbewegung im Felde bald konstant. Wird der Strom
plötzlich abgestellt, so wird aus Reibungsgründen das Feld zunächst in der Nähe des Drahtes schwächer wirbeln, und die Abnahme der Wirbelintensität pflanzt sich nach außen hin etwa mit
Lichtgeschwindigkeit fort. Ist der Strom ein Wechselstrom, so
wandern die wechselnden Drehungsimpulse im ganzen Felde mit
Lichtgeschwindigkeit vorwärts, an jeder Stelle passieren abwechselnd
Maxima und Minima der Drehungsintensität vorüber, und man
hätte damit ein rohes Bild für den elektromagnetischen Teil der
betreffenden Strahlung, die vom Wechselstrom ausgeht, also eine
Erscheinung etwa nach Art der Wellenstrahlung des Lichtes. Die
Intensität der Wirbelschwankungen (Wechsel zwischen Maximum
und Minimum) ist dabei für jeden der konzentrischen Kreise
konstant und umgekehrt proportional der Entfernung von der
Drahtachse.

Man denke sich jetzt wieder einen konstanten Strom ein-
setzend. Rechts vom ersten Drahte befinde sich aber ein zweiter.
Schnell rücken die Drehungserscheinungen an diesen heran. Sobald die auf seiner linken Seite befindlichen Teilchen sich drehen,
rollen diese an ihm plötzlich abwärts. Sobald aber die Drehung

die rechtsliegenden Teilchen erreicht hat, rollen diese an ihm aufwärts. Weil aber jetzt etwa ebensoviele aufwärts-, wie abwärtswandern, hat man nicht mehr den Eindruck eines Stromes. Vor her aber hatte man für sehr kurze Zeit nur abwärts rollende Teilchen und damit den sog. Schließungs-Induktionsstrom, der dem primären entgegengesetzt geht.

Solange nun der primäre Strom konstant bleibt, ändert sich nach dem Verschwinden des Induktionsstromes nichts. Wird aber der erstere aufgehoben, so wandert die Abnahme der Drehungen zum Paralleldraht hin. Sobald diese Abnahme ihn von links her erreicht, hört auf der linken Seite des Paralleldrahtes die Strömung auf, während sie rechts noch eine sehr kurze Zeit fortdauert. Demnach hat man für kurze Zeit einen aufwärtsgehenden Strom. Dieser hört auf, sobald die Drehungsabnahme auch seine rechte Seite erreicht hat. Dies ist der Öffnungs-Induktionsstrom gewesen, der dem primären gleichgerichtet ist. Er wird gewissermaßen nachgeschleudert.

Diese Ströme setzen weit plötzlicher ein, als der Primärstrom, und zwar aus folgendem Grunde. Wird der Primärstrom in Gang gesetzt, so kommen die ersten rollenden elektrischen Teilchen nur langsam vorwärts, weil sie die dielektrischen Teilchen ins Wirbeln zu bringen haben, so daß sie Energie einbüßen. Erst wenn die Nachfolger dem ersten Ringe die volle Wirbelintensität verliehen haben, können die später ankommenden Rollteilchen mit voller Geschwindigkeit passieren. Also, die Anfangsteilchen rollen langsam, die späteren schneller und schneller, so daß eine Art von Rückstau (aus Beharrungsgründen) eintritt. Der Strom erleidet also anfangs eine bedeutende Schwächung, die man theoretisch auch durch einen Gegenstrom hervorbringen könnte. Dieser Gegenstrom ist der bekannte Schließungs-Extrastrom.

Wird der Primärstrom aufgehoben, so hört er nicht sofort auf, denn die Wirbel des Dielektrikums schleudern infolge der Beharrung so lange elektrische Teilchen nach, bis sie selbst sich beruhigt haben. Dieses Nachschleudern kann man sich durch einen nachgesandten Öffnungs-Extrastrom hervorgebracht denken.

Der Schließungs-Extrastrom ist dem primären entgegengesetzt gerichtet, der Öffnungs-Extrastrom ist ihm gleich gerichtet. Da der letztere keine Energie abzugeben hat, ist er in der Lage, eine kleine Öffnung in Funkenform zu überspringen, und er zeigt daher den Öffnungsfunken, während der andere den ihm entsprechenden nicht hervorbringen konnte.

Also sowohl das Schließen als auch das Öffnen des Primärstromes ist nur von allmählicher, nicht von plötzlicher Wirkung. Die Beharrung hemmt sowohl das sofortige Drehen als auch das Aufheben der Drehung. Bei den Induktionsströmen aber fehlen diese Hindernisse, sie setzen also mit ungeschwächter Energie ein. Sie haben das Feld nicht erst zu polarisieren. Daher können sie auch größere Funkenstrecken überspringen. Nach dem Prinzip der Multiplikatorwickelung können die beiden Induktionsströme auch noch in ihrer Wirkung beliebig verstärkt werden, so daß die kurzdauernden Induktionströme auch sehr große Funkenstrecken überspringen können. Verstärkungen und Schwächungen des Primärstromes wirken in schwächerer Weise induzierend ein.

Damit sind auch die Erscheinungen der Wechsel- und Induktionsströme am Funkeninduktor und am Transformator in anschaulicher Weise erklärt und sozusagen selbstverständlich gemacht. Allerdings handelt es sich nur um ein Vorstellungsbild; aber solche sind ja die üblichsten auch. Hinzuzufügen ist nur noch, daß der kurzdauernde Induktionsstrom auf das ihn umgebende Feld auch elektromagnetisch polarisierend einwirkt. Diese Erscheinungen treten mit den vom Primärstrom herbeigeführten in Interferenz.

Ist also der Primärstrom ein Wechselstrom, so treten, weil jetzt die Intensitäten zwischen $+I$ und $-I$ wechseln, auch die Induktionsströme in doppelter Stärke auf. (Vorher schwankte die des Primärstroms nur zwischen I und Null.) Die Wirbelbewegungen im Dielektrikum sind jetzt stets wechselnde Drehungen.

Man achte nun darauf, daß die Polarisation des Feldes eine elektromagnetische, die Bildung der Induktionsströme eine elektrodynamische Erscheinung ist.

Ist der Paralleldraht nicht geschlossen, und kann der Induktionsstrom nicht überspringen, so tritt ein plötzlicher Rückstau, gewissermaßen eine Reflexion des Stromes ein. Dieser tritt mit den bei Wechselstrom neu entstehenden Induktionsströmen in Interferenz und kann sie, je nach der Länge des freien Teiles, hemmen oder unterstützen. Das freie Ende kann also gewissermaßen so abgestimmt werden, daß die Unterstützung eine vollkommene wird. Dann dient das Drahtende als Resonator nach Analogie der Resonatoren in der Akustik.

[Daran, daß man bei langsamerem Wechsel Tausende von Metern an Draht nötig gehabt hätte, um die elektrischen Oszillationen zu messen, scheiterten ursprünglich die entsprechenden Versuche. Endlich erkannte man ungeheuer schnelle „Wechselströme" in den oszillierenden Entladungen des elektrischen Funkens, der nicht ein einfaches Überspringen ist, sondern ein oft wiederholtes Hin- und Herschwingen bedeutet. So konnte man endlich im Raume eines Zimmers die Oszillationen bequem messen. Es handelt sich um ein Zuweitspringen und wiederholtes Hin- und Herschwingen von elektrischen Teilchen.]

Bei geradlinigen Wechselströmen also wurde das Feld zunächst elektromagnetisch polarisiert und rief in parallelen Leitern Induktionsströme, also elektrodynamische Erscheinungen hervor. Maxwell hatte nun den naheliegenden Gedanken, daß diese elektrodynamischen Erscheinungen nicht nur im Drahte, sondern als kurze Verschiebungsströme auch im Dielektrikum auftreten müßten. Er nahm ferner an, daß an Stelle der Wirbeldrehungen nur eine kleine Drehung nötig war, sobald der Wechselstrom nur hinlänglich schnelle Perioden hatte. Er dachte sich also kleine elektromagnetische und zugleich kleine elektrodynamische Verschiebungen im Dielektrikum.

Dabei muß das obige Veranschaulichungsbild verlassen werden. Bei diesem traten nämlich die Drehungen senkrecht gegen die Normalebene des Stromes auf, während sie eigentlich in der Stromebene stattfinden müßten. In der Technik ist es leicht, mit Hilfe konischer Räder eine Drehung um eine horizontale Welle in eine Drehung um eine senkrechte Welle zu verwandeln. Das Bild würde aber dadurch zu kompliziert werden. Es ist also bequemer, jetzt ganz von solchen Mechanismen abzusehen und die Verschiebungsströme einfach in die ihnen zukommenden Ebenen zu legen, die elektromagnetischen in die Normalebene des Drahtes, die elektrodynamischen senkrecht dagegen, also in den Hauptschnitt. Dies ist in Figur 21 veranschaulicht. In dieser bedeutet MA, bzw. AM die Stromrichtungen im Drahte bei Wechselstrom. Die wechselnden elektromagnetischen Verschiebungen sind in der Horizontalebene dargestellt, die positiven Maxima und Minima $+I$ und $-I$

durch verschiedene Schraffierungen und Pfeile veranschaulicht, die neutralen Phasen bei $\pm$ 0 durch die weißen Streifen angedeutet. In den senkrechten Hauptebenen sind die elektrischen Verschiebungen angedeutet. Man denke sich längs der Achse $M X$ in die senkrechte Zeichnungsebene eine gewöhnliche Wellenlinie nach Art der Sinuskurve gezeichnet, die an den Stellen $+$ ihre Maxima, bei den Stellen — ihre Minima hat, bei den Stellen 0 die X-Achse schneidet. Diese Kurve denke man sich mit Lichtgeschwindigkeit nach rechts verschoben, dann

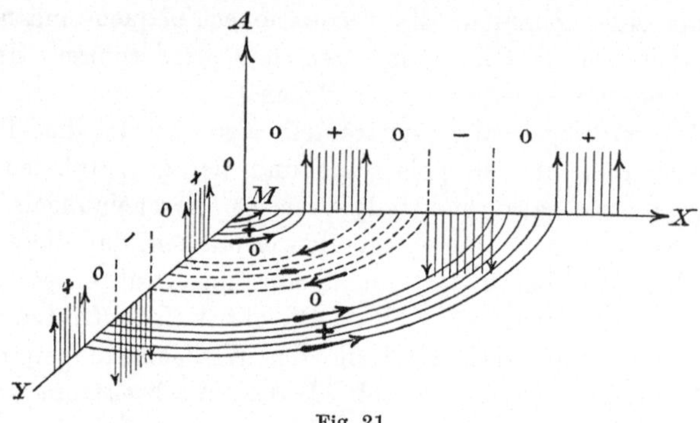

Fig. 21.

passieren die Maxima und Minima schnell an jeder Stelle vorbei. Damit ist das Wandern der elektrodynamischen Wirkungen angedeutet.

Eine andere Wellenlinie denke man sich längs der X-Achse in die horizontale Ebene gelegt. Diese soll aber ihre Maxima und Minima da haben, wo die erstere ihre Nullstellen hat, so daß sie gegen die andere um eine Viertelwelle verschoben ist. Nur ist nicht nötig, daß der Ausschlag bei beiden derselbe ist. Auch sie wandere mit Lichtgeschwindigkeit nach rechts. Damit ist das Wandern der elektromagnetischen Erscheinungen dargestellt. Dasselbe geschieht auf jeder durch M gehenden Geraden der horizontalen Ebene, z. B. auch in der Geraden $M Y$ der Zeichnung.

Warum die Wellenlinien um ein Viertel der Wellenlänge gegeneinander zu verschieben sind, ergibt sich folgendermaßen. Der elektromagnetische Verschiebungsstrom möge sein Maximum an einer der mit o bezeichneten Stellen haben, dann gibt er viel Energie ab, um die elektrodynamische Wirkung zu induzieren.

Er nimmt also schnell bis zur Null ab, während der andere bis
zum Maximum zunimmt. Jetzt nimmt letzterer ab, weil er
Energie abgibt, um den nega-
tiven elektromagnetischen Verschiebungsstrom zu induzieren.
Dies dauert so lange, bis er die
Intensität Null erreicht hat, während der elektromagnetische sein

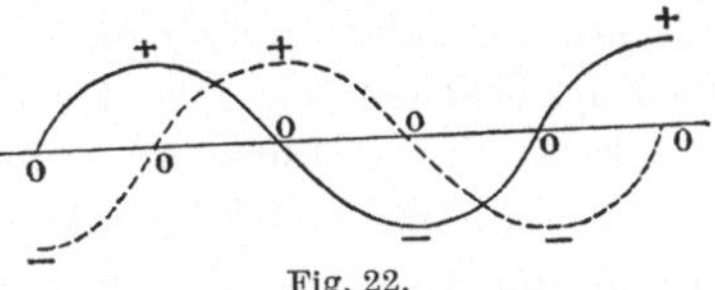

Fig. 22.

absolutes Maximum, also sein wirkliches Minimum erreicht hat.
Damit ist der Vorgang für jede dünne Horizontalschicht
des Feldes vollständig beschrieben. So hat sich also
Maxwell die beiden Wirkungen in ihrem Zusammenhange
vorgestellt, den man bis dahin nicht kannte. Sind die
Wellen von der Wellenlänge einer einfarbigen Lichtart
im Äther, so ist der Vorgang identisch mit dem der
Fortpflanzung der Wellenerscheinungen in der elektromagnetischen Theorie des Lichtes.

An jeder Stelle der Horizontalschicht finden also kleine
Horizontalverschiebungen statt, an deren Stelle man auch kleine
Kreisdrehungen um eine senkrechte Achse stellen könnte, zugleich
aber auch kleine senkrechte Verschiebungen, die man durch kleine
Kreisbewegungen um eine Horizontalachse ersetzen kann. Dann
handelt es sich um zweierlei Drehungsmechanismen, bei denen
abwechselnd jeder kleine elektrodynamische Verschiebungsstrom
eine kreisförmige elektromagnetische Polarisierung seiner Umgebung
veranlaßt; jeder elektromagnetische Verschiebungsstrom eine kreisförmige elektrodynamische Polarisation der Umgebung.

Die mathematische Formulierung des Vorganges führt nun
auf die sogenannten Maxwellschen Gleichungen, die hier durch
einfache kinetische Vorstellungen veranschaulicht wurden. Diese
Gleichungen sind es, die für die Erscheinungen im Äther später
auch von Helmholtz seiner elektromagnetischen Theorie des Lichtes
zugrunde gelegt wurden und auch von Hertz adoptiert worden
sind, der durch seine Experimente über die elektrischen Wellen
die Übereinstimmung der wirklichen Tatsachen mit den Maxwellschen Vorstellungen so weit nachgewiesen hat, daß man die Maxwellsche Theorie in bezug auf den Äther und für ruhende Körper
als richtig betrachten darf. Damit soll aber nicht gesagt sein,
daß nicht auch andere Vorstellungsbilder möglich wären.

Jedenfalls wird man es jetzt verstehen, wenn man die durch einen Wechselstrom in dem umgebenden Dielektrikum erzeugten hin und her gehenden Schwingungen der materiellen und der elektrischen Teilchen als lokalisierte Wechselströme bezeichnet.

Daß einige Physiker annehmen, die elektrischen Teilchen nähmen bei ihren Wirbelbewegungen abgeplattete Form an, so daß in der Richtung der Drehungsachse ein Verkürzungsbestreben, senkrecht dagegen ein Ausdehnungbestreben eintreten soll, was mit den obigen Bemerkungen über Zug- und Druckspannungen zusammenstimmen soll, sei nur beiläufig bemerkt. Im Hinblick auf einen folgenden Abschnitt möchte ich darauf nicht eingehen. Ein Kreisring aus Gummi, der um seine Achse rotiert, wird ähnliche Erscheinungen zeigen.

Hinsichtlich der Gestalt der Funkenwellen und der durch Wechselströme hervorgebrachten Wellenerscheinungen möchte ich, abgesehen von den klassischen Ausführungen von Hertz, für den Anfänger auf Seite 373 bis 380 meiner Potentialtheorie verweisen, wo sie ebenfalls durch Zeichnung dargestellt sind. Die Beschreibung der Hertzschen Experimente ist bereits in die neueren Lehrbücher übergegangen, so daß eine solche für diesen rein theoretischen Vortrag entbehrt werden kann.

Die Hauptsache ist für uns folgende. Während elektrische Teilchen im Zustande der Ruhe nur eine elektrische Polarisation des Feldes geben, rufen bewegte elektrische Teilchen nicht nur elektrische, sondern auch elektromagnetische Wirkungen hervor. Ist der Strom unveränderlich, so ist der Zustand des Feldes konstant. Jede Änderung der Stromstärke ruft eine elektrische und eine magnetische Strahlung hervor, die sich mit Lichtgeschwindigkeit fortpflanzt. Dies gilt besonders vom Schließen und Öffnen des Stromkreises und in noch stärkerer Weise von Wechselströmen. Eine solche Strahlung ist zunächst eine bloße Energiestrahlung.

Wie auch die Bewegung eines Magneten auf elektromagnetische Wellen, also auch auf Energiestrahlung führt, ist aus den Lehrbüchern bekannt.

Für den Äther ist die Angelegenheit solcher Energiestrahlungen oder Energieströme erledigt. Es gibt aber auch sog. Konvektionsströme, die nicht nur Energie mit sich tragen, sondern wirkliche Elektrizität mit sich führen.

Große Schwierigkeiten hat es gemacht, die Theorie der Stromwirkungen für andere Dielektrika stofflicher Natur in bewegtem Zustande in Ordnung zu bringen. Welche Rolle spielt in diesen der Äther? Eine Annahme der neueren Physiker ist die, daß er alle Teilchen, auch die elektrischen Moleküle, durchdringt, daß also auch im Innern der elektrischen Teilchen sich ein Feld befinde. Eine zweite ist die, daß der Äther in Ruhe bleibt, wenn die Körper und die elektrischen Teilchen sich bewegen. Die elektrischen und elektromagnetischen Polarisationen sind Zustandsänderungen, die im ruhenden Äther vor sich gehen. Diese Hypothese hat sich schon in Fresnels Lichttheorie bewährt, sie wird daher von den meisten neueren Physikern angenommen.

E. Orientierung über die Elektronentheorie.[9])

1. Vorbemerkungen.

Die Maxwellschen Theorien genügten für den Äther, aber weniger für die in ponderablen Körpern stattfindenden Vorgänge. Die neueren Physiker aber erkannten die Notwendigkeit, ähnlich wie Maxwell kleinste elektrische Teilchen anzunehmen und der Elektrizität damit gewissermaßen stoffliche Natur zuzusprechen. Diese kleinsten Teilchen wurden als Elektronen bezeichnet und ganz neuen Forschungen unterworfen, deren Resultate teilweise von den Maxwellschen Ansichten über die Erscheinungen in materiellen Körpern abwichen und zu überraschenden Anschauungen führten. Dabei trat man in den engsten Zusammenhang mit den Molekulartheorien der Physik, besonders der kinetischen Gastheorie, mit der chemischen Atomistik und den elektrolytischen Erscheinungen, besonders mit der Ionentheorie, auch mit der Lehre von den Gasionen. Dieser Zusammenhang ermöglichte eine vielfache Kontrolle der Resultate derart, daß die verschiedenen Lehren sich gegenseitig unterstützten. Schon Helmholtz hatte im Jahre 1847 darauf hingewiesen, daß aus elektrolytischen Gründen ein elektrisches Elementarquantum unteilbarer Art angenommen werden müßte. Bald ergab sich die Notwendigkeit, zwischen Strömen reiner Strahlung, die nur Energie fortzutragen hatten, wie z. B. die Strahlungen der elektromagnetischen Lichttheorie, und solchen, die auch Elektronen fortzutragen hatten, zu unterscheiden. Diese nannte man Konvektionsströme. Die Röntgenstrahlen und die γ-Strahlen der radioaktiven Körper, die ultraviolette Strahlung, die des sichtbaren Lichtes, die ultraroten Strahlen, die Hertzschen Funkenwellen und die durch Wechselströme hervorgebrachten Strahlungen gehörten der reinen Energiestrahlung an. Die radioaktiven β-Strahlen, die Kathodenstrahlen und die sog. Lenardschen Strahlen dagegen waren Konvektionsstrahlen, die negative Elektronen mit sich führten. Die radioaktiven α-Strahlen und die sog. Kanalstrahlen (Anodenstrahlen) waren positive Konvektionsstrahlen. Schon dadurch ist ein inniger Zusammenhang mit der Physik festgestellt. Die Elektronen haben also zunächst eine klare Übersicht über die verschiedenen Arten der bis jetzt bekannten Strahlungen gebracht. Sie verdienen also ein ernstes Studium. Hier können nur einige Andeutungen gegeben werden.

2. Elektrolyse.

Leitet man einen elektrischen Strom durch verdünnte Schwefelsäure, so wird bekanntlich am negativen Pole Wasserstoff, am positiven Sauerstoff ausgeschieden, deren Volumina sich wie 2:1 verhalten. Der Vorgang ist nach alter Erklärung nicht ganz einfach. SO_4H_2 zerlegt sich in H_2 und SO_4, ersteres wird frei; SO_4 bildet mit H_2O wieder SO_4H_2, wobei O_1 frei wird. Die Wasserzersetzung geschieht also danach auf einem Umwege (sekundärer Vorgang).

Vorgänge solcher Art nennt man elektrolytische. Das von Faraday aufgestellte Hauptgesetz der Elektrolyse ist folgendes: Die an jedem Pole sekundlich ausgeschiedenen Mengen sind proportional den Stromstärken und proportional den chemischen Äquivalentgewichten (Quotienten aus Atomgewicht und Wertigkeit).

So scheidet z. B. ein Strom von 1 Amp. in der Sekunde ab:

$$0{,}1046 \cdot 10^{-4} \text{ g Wasserstoff,}$$

$$0{,}8289 \cdot 10^{-4} \text{ g Sauerstoff.}$$

Das Gewichtsverhältnis ist also rund 1:8. Die Atomgewichte stehen aber etwa im Verhältnis 1:16, die Wertigkeit des Sauerstoffes ist 2, was man daran erkennt, daß ein Sauerstoffatom sich stets mit zwei Atomen Wasserstoff verbindet; 16:2 aber gibt 8. Die von der Stromeinheit 10 Amp. ausgeschiedene Menge eines Stoffes heißt dessen elektrochemisches Äquivalent. Bei Silber ist es gleich $0{,}01118$ g, bei Kupfer $0{,}00929$ g.

Flüssige Elektrolyte sind wässerige Auflösungen von Salzen oder Säuren oder Basen.

3. Ionen in Elektrolyten.

In neuerer Zeit erklärt man den Vorgang der Elektrolyse folgendermaßen:

Elektrolytische Leiter in wässeriger Lösung befinden sich im Zustande der Dissoziation, in dem sie durch den elektrischen Strom chemisch zerlegbar sind. Man denkt sich dabei, daß jedes Molekül der aufgelösten Masse sich in zwei Atomgruppen gespalten hat, von denen die eine mit positiver, die andere mit gleichviel negativer Elektrizität geladen ist. Wird nun der Strom eingeführt, so wandert die positiv geladene Gruppe zum negativen Pole, die negative zum positiven Pole. Die Spaltung ist also nicht etwa erst durch den Strom herbeigeführt, sondern eine unmittelbare Folge des Auflösungsprozesses. Die Trennungsmöglichkeit durch den elektrischen Strom ist durch die Dissoziation erst geschaffen.

Die positiv oder negativ geladenen Atome jedes Stoffes werden als Ionen (Wanderteilchen, von ἵημι, in Bewegung setzen) bezeichnet. Da die positiv geladenen gewissermaßen von $+$ nach $-$, in arithmetischer Auffassung also abwärts wandern, hat man sie Kationen genannt (κατά bedeutet herab); die negativ geladenen wandern von $-$ nach $+$, arithmetisch also aufwärts (ἀνά), so daß man sie Anionen nannte. Der Ausscheidungspol der Kationen heißt die Kathode (ὁδός der Weg, hier das Ziel), der der Anionen die Anode. Der negative Pol also ist die Kathode, der positive die Anode. Beide Pole heißen Elektroden. Die elektrolytische Wanderung kann als eine Konvektionsströmung bezeichnet werden, da die Ionen ihre elektrischen Ladungen mit sich führen.

Jedes Atom Wasserstoff erhält bei der Dissoziation eine bestimmte Ladung positiver Elektrizität, jedes Atom Sauerstoff eine doppelt so große Ladung negativer Elektrizität. Die Ladung richtet sich nach der Wertigkeit des Stoffes. Jedes Atom einwertiger Elemente, wie Chor, Brom, Jod, Kalium, Lithium, Silber usw., erhält eine Ladung von derselben Größe wie das Wasserstoffatom. Jedes Atom eines zweiwertigen Elementes, wie Schwefel, Selen, Tellur usw., erhält die Doppelladung, also soviel wie der Sauerstoff. Dreiwertige Atome, wie die des Stickstoffes, Phosphors, Arsens, erhalten die dreifache Ladung. Vierwertige Atome, wie die des Kohlenstoffes, erhalten die vierfache Ladung.

An der Elektrode werden die Ionen durch den Strom neutralisiert, d. h. entladen, sie geben also dort genau soviel Elektrizität ab, wie der Strom entgegengesetzte Elektrität herbeiführt. Nun scheidet 1 Amp. sekundlich $0{,}1046 \cdot 10^{-4}$ g Wasserstoff ab, und 1 Amp. bedeutet $3 \cdot 10^9$ elektrostatische Einheiten des absoluten cgs-Systems. Folglich sind auch $0{,}1046 \cdot 10^{-4}$ g Wasserstoff mit $3 \cdot 10^9$ elektrostatischen Einheiten positiver Elektrizität geladen, d. h. es ist dabei

$$\frac{\text{Ladung}}{\text{Masse}} = \frac{3 \cdot 10^9}{0{,}1046 \cdot 10^{-4}} = 0{,}29 \cdot 10^{15} \text{ elektrostatische Einheiten.}$$

Diese Zahl bleibt ungeändert, wenn man Zähler und Nenner durch n dividiert. Ist also die Ladung e die eines Atomes, die Masse die eines Atoms Wasserstoff, die m_H sei, so ist auch jetzt

$$\frac{e}{m_H} = 0{,}29 \cdot 10^{15} \quad \cdots \cdots \cdots \quad (1)$$

Dies ist die bekannte Faradaysche Konstante für den Wasserstoff. (Daß sie für den Sauerstoff auf demselben Wege als $\dfrac{3 \cdot 10^9}{0{,}8289 \cdot 10^{-4}} = \dfrac{0{,}29 \cdot 10^{15}}{8}$, also mittels der Division durch das Äquivalentgewicht aus der vorigen bestimmt wird, übersieht man sofort. Beim Wasserstoff hat man den Höchstwert für den Ausdruck $\dfrac{e}{m}$.

(Beiläufig sei bemerkt, daß es auch feste Elektrolyte gibt, die also der Auflösung nicht bedürfen, z. B. Jodsilber, heißes Glas, gewisse seltene Erden in erhitztem Zustande, die z. B. in der Nernst-Lampe technische Verwertung finden. Aber auch

Gase können ionisiert werden, z. B. dadurch, daß sie mit Röntgenstrahlen oder Kathodenstrahlen oder Radiumstrahlen längere Zeit durchstrahlt werden. Dabei bilden sich Gasionen. Die betreffenden Atome erhalten dabei dieselben elektrischen Ladungen wie bei den Elektrolyten. Dies ist durch entsprechende Versuche nachgewiesen. Auch Flammen können Ionen enthalten und ionisiert werden.)

Nun liegt es nahe, anzunehmen, daß sich in jedem Atom ionisierten Wasserstoffes eine Elementarmenge von Elektrizität befinde, gewissermaßen ein elektrisches Atom.

Will man die Elementarmenge e zahlenmäßig ausdrücken, so muß man zugleich eine Vorstellung vom Zahlenwerte für die Atome der untersuchten Stoffe haben. Man kann das letztere aus der kinetischen Gastheorie entnehmen. Es gibt aber auch selbständige Bestimmungsmethoden, welche innerhalb der unvermeidlichen Fehlergrenzen auf dieselben Ergebnisse führen, so daß die Theorien sich gegenseitig unterstützen.

4. Bestimmung der elektrischen Elementarmenge.

Ein Gas werde längere Zeit der Durchstrahlung mit Kathodenstrahlen (oder Röntgenstrahlen oder Radiumstrahlen) ausgesetzt, so daß sich in ihm Gasionen bilden. Mischt man das so behandelte Gas mit Wasserdampf, so zeigt dieser stärkere Neigung zum Kondensieren als sonst (keine Unterkühlung möglich). Man kann das Kondensieren z. B. durch adiabatische, also mit Abkühlung verbundene Expansion hervorbringen, wobei sich eine aus Wassertröpfchen bestehende Wolke geltend macht. Je länger die Durchstrahlung gedauert hat, je mehr Gasionen sich also gebildet haben, um so größer ist unter sonst gleichen Umständen die Anzahl der Tröpfchen. (Negative Ionen wirken in dieser Hinsicht stärker als positive.) Diese Entdeckung wurde von C. T. R. Wilson gemacht.

Es liegt nahe, anzunehmen, jedes einzelne Gasion habe als eine Art von Kondensationskern gewirkt, daß also die Anzahl der Tröpfchen gleich der Anzahl der Ionen sei. J. J. Thomson stellte nun folgende Überlegung an:

Die Tröpfchen fallen langsam nach unten und erreichen dabei bald eine konstante Schlußgeschwindigkeit, wie man sie bei einem sehr feinen Regen wahrnimmt. Nach Stokes fällt eine Kugel von kleinem Radius a, wenn ζ der entsprechende Reibungskoeffizient des Gases ist, schließlich mit der konstanten Geschwindigkeit $v = \dfrac{2}{9}\, g\, \dfrac{a^2}{\zeta}$, wo g die Freifallbeschleunigung bedeutet. Mißt man v und ist alles andre mit Ausnahme von a bekannt, so läßt sich a berechnen, man kennt also den Raum $\dfrac{4}{3}\, a^3\pi$ des Tröpfchens, also auch seine Masse $m = \dfrac{4}{3}\, a^3\pi\, 1$ und sein Gewicht mg im absoluten Maßsystem. (Bei 1 at Spannung ist für Luft $\zeta = 1{,}8\cdot 10^{-4}$.)

Geschieht aber das Fallen in einem elektrischen Felde von der Feldstärke $\mathfrak{E}$, und ist e die elektrische Ladung des Tröpfchens, so fällt es bei geeigneter Anordnung schneller, so daß an Stelle der Schwerkraft mg die Kraft $mg + e\mathfrak{E}$ zu setzen ist. Die neue Schlußgeschwindigkeit v' gehorcht dann der Gleichung

$$\frac{v'}{v} = \frac{mg + e\mathfrak{E}}{mg}. \qquad\qquad (2)$$

Bestimmt man aber auch v' durch Messung, und ist die Feldstärke $\mathfrak{E}$ bekannt, so läßt sich die Ladung e des Tröpfchens ermitteln. Bei den vorsichtigsten Messungen ergab sich für Wasserstoffgas als Ladung jedes Tröpfchens:

$$.e = 3\cdot 10^{-10} \text{ absolute elektrostatische Einheiten*).} \qquad (3)$$

Nach der obigen Annahme ist diese Menge als die elektrische Ladung jedes Wasserstoffions zu betrachten, und so ist die elektrische Elementarmenge gefunden, also gewissermaßen das elektrische Atom zahlenmäßig bestimmt.

---

*) Andre Versuche haben Abweichungen ergeben, z. B. $e = 5\cdot 10^{-10}$. Diese geben aber eine geringere Übereinstimmung mit der Gesamttheorie. Wie der Faktor 10^{-10} zeigt, ist jedoch die Größenordnung dieselbe. Abraham hat den obigen Factor (3) angenommen, Riecke den Faktor 5, Richarz $1{,}29$, J. J. Thomsen $6{,}7$, Nernst gibt $2{,}4\cdot 10^{10}$ elektrostatische Einheiten an, was dasselbe bedeutet, wie $8\cdot 10^{-24}$ elektromagnetische Einheiten, so daß die Wanderung des Wasserstoffions bei 1 cm Geschwindigkeit einen elektrischen Strom von $8\cdot 10^{-20}$ Ampère bedeutet. Der Faktor 3 ist also gewissermaßen ein Mittelwert, dessen genauere Bestimmung der Zukunft überlassen werde.

Diese von der Materie befreiten elektrischen Atome werden als Elektronen bezeichnet. (Wie klein auch diese Ladungen erscheinen mögen, ihre molekulare Bedeutung ist doch eine kolossale. Nach einer Berechnung von Helmholtz würde ohne vorangegangene Dissoziation zur Trennung des Wassers in seine Bestandteile eine 400000 Billionen mal so große Kraft nötig sein, als zur Überwindung der bloßen gegenseitigen mechanischen Anziehung der Moleküle des Wasserstoffs und des Sauerstoffs nach dem Newtonschen Gesetz. Der Dissoziationsvorgang ist also durchaus nichts Nebensächliches. Hierher gehören auch Gaußsche Bemerkungen über die außerordentliche Stärke von Molekularwirkungen.)

Es ist nun zu zeigen, wie sich diese Bestimmung andern Theorien gegenüber bestätigt.

5. Gewicht des Wasserstoffatoms, Loschmidtsche Zahl und Proberechnungen.

a) Setzt man den durch Gleichung (3) bestimmten Wert von e in Gleichung (1) ein, so geht diese über in

$$\frac{3 \cdot 10^{-10}}{m\,H} = 0{,}29 \cdot 10^{15},$$

und daraus folgt

$$m_H = \frac{3 \cdot 10^{-10}}{0{,}29 \cdot 10^{15}} = \sim \frac{3}{3} \cdot 10^{-24}\,\mathrm{g} = 10^{-24}\,\mathrm{g} \quad . \quad (4),$$

und damit ist das Gewicht oder im absoluten Maßsystem die Masse eines Wasserstoffatoms gefunden, was gut mit den Ergebnissen der kinetischen Gastheorie übereinstimmt. Nach der Tabelle der Atomgewichte kann man also die Masse des Atoms für jeden beliebigen Stoff angeben, ebenso die Anzahl der Atome, die sich in einem Gramm des Stoffes befinden. So zählt z. B. ein Gramm Wasserstoffgas 10^{24} oder eine Quadrillion Atome.

b) Ist nun N die Anzahl der Wasserstoffmoleküle in 1 ccm bei der Temperatur 0^0 C und bei 1 at Spannung, also, da jedes dieser Moleküle aus 2 Atomen besteht, $2\,N$ die Anzahl der Atome, so folgt, da $0{,}8961 \cdot 10^{-4}$ das spezifische Gewicht des Wasserstoffes ist,

$$2\,N\,m_H = 2\,N\,10^{-24} = 0{,}8961 \cdot 10^{-4}$$

oder

$$N = \frac{1}{2} \cdot 0{,}8961 \cdot \frac{10^{-4}}{10^{-24}} = \sim 0{,}45 \cdot 10^{20} \quad . \quad . \quad . \quad (5)$$

Dies ist die Loschmidtsche Zahl, die nun nach dem Gesetz von Avogadro zugleich die Anzahl der Moleküle jedes beliebigen Gases in einem Kubikzentimeter bei derselben Temperatur und Spannung angibt. Die Zahl gibt rund 45 Trillionen Moleküle an.

Damit bestätigen sich wiederum die Ergebnisse der kinetischen Gastheorie, in der dieselbe Zahl übrigens nur zwischen gewisse Grenzen eingeschlossen wird. (Bei andrer Annahme der Ladung e ändern sich natürlich die Zahlen in entsprechender Weise.)

c) Proberechnung. 1 g Wasserstoff enthält 10^{24} Atome. 1 Amp. scheidet sekundlich $0{,}1046 \cdot 10^{-4}\,g = 0{,}1046 \cdot 10^{-4} \cdot 10^{+24} = 0{,}1046 \cdot 10^{20}$ Atome Wasserstoff aus. Jedes Atom hat eine Ladung von $e = 3 \cdot 10^{-10}$ elektrostatischen Einheiten. Die Wasserstoffionen geben also sekundlich $0{,}1046 \cdot 10^{20} \cdot 3 \cdot 10^{-10} = 0{,}3138 \cdot 10^{10}$ elektrische Einheiten an die Kathode ab. Und dies stimmt so genau mit der elektrotechnischen Zahl $0{,}3 \cdot 10^{10}$ oder $3 \cdot 10^9$, der sekundlichen Anzahl elektrostatischer Einheiten für das Ampère, überein, daß man die gemachten Hypothesen als durchaus bestätigt ansehen darf.

d) Entsprechende Proberechnungen kann man jetzt auch für die Ionen andrer Gase anstellen. So hat z. B. jedes Atom Sauerstoff, der Wertigkeit 2 entsprechend, die Ladung $2e = 2 \cdot 3 \cdot 10^{-10}$. Jedes Ampère führt sekundlich $3 \cdot 10^9$ elektrostatische Einheiten, was der Ladung von $\dfrac{3 \cdot 10^9}{2 \cdot 3 \cdot 10^{-10}} = \dfrac{1}{2}\,10^{19}$ Atomen entspricht.

Diese stimmen überein mit der sekundlichen Abscheidung von $0{,}8 \cdot 10^{-4}\,g$ Sauerstoff. Auf das Gramm kommen also

$$\frac{1}{2}\,10^{19} \cdot \frac{1}{0{,}8 \cdot 10^{-4}} = \frac{1}{1{,}6}\,10^{23} = \frac{1}{16} \cdot 10^{24}\,\text{Atome, was dem Atom-}$$

gewicht 16 des Sauerstoffes entspricht. Demnach ist $m_0 = 16 \cdot 10^{-24}$ die Masse eines Atoms Sauerstoff und daher das Verhältnis

$$\frac{e_0}{m_0} = \frac{2e}{16 \cdot 10^{-24}} = \frac{e}{8 \cdot 10^{-24}} = \frac{3 \cdot 10^{-10}}{8 \cdot 10^{-24}} = \frac{3}{8} 10^{14} = \frac{0{,}3 \cdot 10^{15}}{8}$$

die Faradaysche Konstante für den Sauerstoff. Allgemein folgt:

Die Faradaysche Konstante für einen beliebigen Stoff erhält man, indem man die Konstante für Wasserstoff durch das Äquivalentgewicht dividiert.

Ferner enthält 1 ccm Wasserstoff (bei 0^0 und 1 at) die Masse $0{,}8961 \cdot 10^{-4}$ g, folglich hat 1 ccm Sauerstoff die Masse $16 \cdot 0{,}8961 \cdot 10^{-4}$ g. Da ein Gramm $\frac{1}{16} 10^{24}$ Atome Sauerstoff enthält, so zählt das Kubikzentimeter $16 \cdot 0{,}8961 \cdot 10^{-4} \cdot \frac{1}{16} 10^{-24} = \sim 0{,}9 \cdot 10^{20}$ Atome oder $0{,}45 \cdot 10^{20}$ Moleküle Sauerstoff, was dem Avogadroschen Gesetz entspricht.

e) Der Satz: Die elektrische Ladung der Ionen, in Elementarmengen gemessen, wird durch die Wertigkeitszahl oder Valenz angegeben, ist damit in seiner ganzen Tragweite als ein grundlegendes elektrochemisches Gesetz nachgewiesen.

6. Die Leitfähigkeit der Gase und Elektrolyte erklärt sich durch das Vorhandensein von Ionen.

Nach den mannigfaltigsten Beobachtungen darf man den in der Überschrift genannten Satz als ein anerkanntes Gesetz betrachten. Für Gase darf man die Leitfähigkeit als zunehmend mit der Anzahl der Ionen ansehen.

Früher erklärte man das Mißglücken elektrostatischer Versuche durch mangelhafte Isolierung, durch Feuchtigkeit oder Nebelgehalt der Luft und durch Wirkung vorhandener Staubteilchen. Neuerdings jedoch ist beobachtet worden, daß, je freier von Staub und Nebel, je durchsichtiger also die Luft ist, um so stärker ihre Leitfähigkeit sich geltend macht, die elektrische Zerstreuung also um so kräftiger vor sich geht. Dies muß mit zunehmendem Ionengehalt zusammenhängen. Auch die Leitfähigkeit der Flammen erklärt sich durch das Vorhandensein von Ionen. Der Ionengehalt kann künstlich verstärkt werden. Auf die

Messungsergebnisse von Elster und Geitel, von Giese und andern sei hier nur hingewiesen. Apparate zur Bestimmung der Ionenmenge werden neuerdings bei Luftfahrten angewandt. Die Theorie der Luftelektrizität ist jetzt in ganz neue Bahnen geleitet worden. Hoffentlich erhalten wir nun auch bald eine befriedigende Theorie der Gewitterbildung, für welche die bisherigen Erklärungen der Lehrbücher geradezu klägliche waren.

7. Kathodenstrahlen und Beharrungsvermögen der mitgerissenen negativen Elektronen.

Die in Geißlerschen Röhren von der (negativen) Kathode ausgehenden Entladungen werden als Kathodenstrahlen bezeichnet. Wo sie auf die Glaswand aufprallen, geben sie die bekannte grünliche Fluoreszenz, die mit der Aussendung von Röntgenstrahlen zusammenhängt. (Bei geringem Gasdruck treffen sie mit großer Geschwindigkeit auf und erwärmen die Glaswand; bei größerem Druck erwärmen sie statt dessen das Gas und gelangen mit geringerer Geschwindigkeit zur Glaswand. Sie haben wahrscheinlich durch die häufigeren Zusammenstöße mit den Gasmolekülen größere Einbuße an Energie gehabt.)

Hertz und Helmholtz hielten die Kathodenstrahlen ursprünglich für eine Undulationserscheinung, die durch longitudinale Wellen zu erklären sei. Maxwell und andre Engländer behaupteten aber, es handle sich um eine Art von Emissionserscheinung; die Kathodenstrahlen seien eine Strahlung, die nicht nur Energie mit sich führte, sondern außerdem wirkliche Elektrizität forttrüge. Und wegen der Mitführung elektrischer Elementarmengen oder Elektronen bezeichneten sie, wie schon gesagt, diese Strahlungsart als eine Konvektionsstrahlung. Die Kathodenstrahlen sind elektrisch und magnetisch ablenkbar, und zwar so, daß man annehmen muß, die mitgeführten Elektronen seien negativer Art. Ihr Durchdringungsvermögen ist ziemlich stark. Sie dringen z. B. durch dünne Aluminiumbleche.

Der ursprüngliche Strom des Leitungsdrahtes gibt nach der Ansicht der meisten Physiker bei der Entladung in Geißlerschen Röhren keine Elektronen her, man soll demnach annehmen*), daß

---

*) Hier dürften Zweifel gestattet sein.

solche sich bei der Entladung an der Kathode erst bilden, so daß sie die Anfangsgeschwindigkeit null haben und vom Entladungsstrom mitgerissen werden, derart, daß sie einer regelmäßigen Beschleunigung unterliegen und mit einer gewissen Endgeschwindigkeit v_1 die Anode bzw. die Glaswand erreichen. Der Formel

$$T = V + c \text{ oder } \frac{m\,v^2}{2} = \text{Potentialdifferenz} + c,$$ wo man c gleich null machen kann, entspricht hier die Formel

$$\frac{1}{2}\frac{\mu}{e}v^2 = V, \text{ oder } \frac{\mu}{e}v^2 = 2\,V \quad . \quad . \quad . \quad . \quad (6),$$

wo man c ebenfalls, und zwar dadurch gleich null gemacht hat, daß man die Kathode leitend mit der Erde verband. Dann ist eben V selbst die Potentialdifferenz zwischen Anode und Kathode.

Die Formel deutet auf ein (konstantes) Beharrungsvermögen der mitgerissenen Elektronen hin. Dieses kann man folgendermaßen nachweisen: Man bringe die Kathode am einen Röhrenende an, die Anode statt am andern Ende in der Mitte der Röhrenlänge in Gestalt einer Metallscheibe. In der Scheibe bilde man einen Spalt derart, daß ein Teil der Elektronen bis ans Ende der Röhre fliegen kann. Während der Kathodenstrom durch die Anode vollständig aufgenommen wird, zeigt sich durch eine am Röhrenende auftretende, dem Spalt entsprechende Fluoreszenzerscheinung, daß die Elektronen der Beharrung entsprechend weiter geflogen sind. Die Elektronen verhalten sich also wie eine träge Masse. Sie verlassen den Strom so, wie ein Geschoß das Geschützrohr verläßt. Die Größe dieses Beharrungsvermögens soll jetzt untersucht werden.

8. Ablenkung der Kathodenstrahlen durch ein transversales elektrisches Feld.

Hinter dem Spalt der Anodenscheibe denke man sich zwei ebene Aluminiumbleche parallel zum Spalt und zur Röhrenachse so eingeschaltet, daß die aus dem Spalt kommenden Elektronen zwischen ihnen durchfliegen können. Die Bleche sollen durch Drähte, die in die Glaswände eingeschmolzen sind, leitend mit den Polen einer Akkumulatorenbatterie verbunden werden können.

Sind die Bleche ungeladen, so fliegen die Elektronen z. B. wagerecht bis ans Ende der Röhre. Sind jene geladen, und liegt das
positiv geladene Blech unten, so werden sie abgelenkt und verhalten sich wie ein wagerecht geworfener Stein, der einen Parabel-
weg zurücklegt. Ist nämlich die Röhre so stark ausgepumpt, daß
zwischen den Blechen keine elektrische Leitung durch das Gas
stattfindet, so entsprechen den Gleichungen für die Wurfbewegung

$$g = \frac{p}{m}, \quad x = vt, \quad y = \frac{1}{2} g t^2 = \frac{1}{2} g \frac{x^2}{v^2}$$

hier für jedes mit e geladene Elektron die Gleichungen

$$g = \frac{e \mathfrak{E}}{\mu}, \quad x = vt, \quad y = \frac{1}{2} \frac{e \mathfrak{E}}{\mu} t^2 = \frac{1}{2} \frac{e \mathfrak{E}}{\mu} \frac{x^2}{v^2} \quad . \quad . \quad (7).$$

Bestimmt man also x und y durch Messung, und ist die
Feldstärke $\mathfrak{E}$ bekannt, so bestimmt sich $\dfrac{\mu v^2}{e}$ als

$$\frac{\mu v^2}{e} = \frac{\mathfrak{E} x^2}{2 y} \quad . \quad . \quad . \quad . \quad . \quad . \quad (8).$$

Aus der Ablenkung nach der positiven Platte hin ergibt sich,
daß die Elektronen negative Ladung haben.

Ganz bequem ist die Bestimmung von x und y nicht, da
die Elektronen nach dem Verlassen des elektrischen Feldes in der
Tangente der Parabel weiterfliegen. Der Ort des Auftreffens wird
durch den entstehenden Fluoreszenzstreifen angegeben. Bequemer
ist vielleicht die Bestimmung mit Hilfe eines magnetischen Feldes.

9. Ablenkung der Kathodenstrahlen durch ein transversales magnetisches Feld.

Ein magnetisches Feld habe Kraftlinien, die zu der Beharrungs-
bewegung der obigen Elektronen senkrecht gerichtet seien. Man
bezeichnet es als ein transversales Feld. Die geradlinige Bahn
der Elektronen wird durch die Kraftwirkungen abgelenkt. Hat
das Elektron die Geschwindigkeit v und die elektrische Menge e

bzw. $\dfrac{e}{c}$, je nachdem man elektrostatisch oder elektromagnetisch mißt, so ist bei Feldstärke $\mathfrak{H}$ des elektromagnetischen Feldes die ablenkende Kraft nach Ampère von der Größe

$$p = \frac{e\,v}{c}\,\mathfrak{H}, \qquad \ldots \ldots \quad (9)$$

wo c die Lichtgeschwindigkeit ist. Weil aber die ablenkende Kraft stets senkrecht gegen v ist, was beim vorigen Problem nicht der Fall war, so wird v nicht geändert. Folglich ist auch die ablenkende Kraft p konstant. Weil sie aber konstant und senkrecht gegen die Richtung vor v ist, wird die gerade Linie zu einem Kreise umgebogen. Bei einer Kreisbegung ist aber in der Mechanik die Zentripetalkraft

$$p = \frac{m\,v^2}{r},$$

hier also hat man zu setzen

$$\frac{\mu\,v^2}{r} = \frac{e\,v}{c}\,\mathfrak{H},$$

woraus folgt

$$\frac{\mu\,v}{e} = \frac{r\,\mathfrak{H}}{c} \qquad \ldots \ldots \ldots \quad (10)$$

Hat man also r durch Messung bestimmt, was aus der Stelle des Auftreffens der Strahlen, also aus der Fluoreszenzerscheinung, leicht zu ermöglichen ist, so folgt aus Gleichung (8) und (11) durch Division

$$v = \frac{\mathfrak{E}\,x^2}{2\,y} \cdot \frac{c}{r\,\mathfrak{H}}. \qquad \ldots \ldots \quad (11)$$

Also ist v bekannt und daher auch $\dfrac{e}{\mu}$ aus Gleichung (8) oder (10) leicht zu berechnen.

Ein longitudinales Magnetfeld dagegen würde dem Elektron eine schraubenförmige Bewegung erteilen. Es wird jedoch auch anderweitige selbständige Bestimmungen von v geben.

Auch die durch das Aufprallen der Elektronen entstehende Wärme kann benutzt werden, $\dfrac{\mu\,v^2}{e}$ mit einiger Genauigkeit zu bestimmen. Die eben genannte Schraubenbewegung ist schwieriger zu Messungen zu verwerten, da jedes Elektron seine besondere Schraubenlinie durchwandert, so daß die Gesamtbewegung doch recht verwickelt wird.*)

10. Messungsergebnisse über Kathodenstrahlung und Folgerung aus diesen.

Zahlreiche Messungen haben (z. B. im Anschluß an Gleichung (11)) gezeigt, daß für die negativen Elektronen durchschnittlich

$$\eta = \frac{e}{c\,\mu} = 1{,}865 \cdot 10^{17} \quad . \quad . \quad . \quad . \quad (12),$$

also eine konstante Größe ist. Die Lichtgeschwindigkeit $c = 3 \cdot 10^{10}$ gibt

$$\frac{e}{\mu} = 1{,}865 \cdot 10^{17} \cdot 3 \cdot 10^{10} \sim 5{,}6 \cdot 10^{17},$$

was ebenfalls konstant ist. Danach geht Gl. (6) über in

$$v = \sqrt{\frac{2\,Ve}{\mu}} = \sqrt{2\,V\,5{,}6 \cdot 10^{17}} \quad . \quad . \quad . \quad (13),$$

so daß die Schlußgeschwindigkeit v der Quadratwurzel aus der Potentialdifferenz proportional ist. In der Tat ist die Endgeschwindigkeit der Kathodenstrahlen nur von der angewandten Potentialdifferenz abhängig.

Nun bedeutet aber 1 Volt die Anzahl von $\dfrac{1}{3 \cdot 10^{2}}$ elektrostatischen Einheiten; ist also n die Anzahl der Volt, so wird

$$v = \sqrt{\frac{2\,n}{3 \cdot 10^{2}}\,5{,}6 \cdot 10^{17}},$$

oder

$$v = 10^{8} \sqrt{0{,}37\,n} \quad . \quad . \quad . \quad . \quad (14).$$

(Dieser Wert ist ebenso, wie beim reibungslosen Herabgleiten auf schiefer Ebene oder sonstiger krummer Bahn, unabhängig von der Länge und Gestalt des Weges.)

---

*) Lorentz (Leiden) bezeichnet diese Möglichkeit, v und $\dfrac{c}{\mu}$ zu berechnen, als „höchst merkwürdig". Der Grund zu dieser Bemerkung ist nicht ersichtlich.

Bei 3000 V findet man etwa $v = 0{,}3 \cdot 10^{10}$ oder $^1/_{10}$ Lichtgeschwindigkeit, bei 14000 V etwa $v = 0{,}7 \cdot 10^{10}$, bei 3000 V etwa $v = 1{,}05 \cdot 10^{10}$, oder etwas mehr als $^1/_3$ Lichtgeschwindigkeit. H. Starke hat bei 36000 V noch ein wenig mehr gefunden. Überhaupt stimmen alle Messungsergebnisse gut überein, auch bestätigen einander die nach allen Methoden vorgenommenen Prüfungen.

Nun war für Wasserstoff

$$\frac{e}{m_H} = 2{,}9 \cdot 10^{14}.$$

Hier war

$$\frac{e}{\mu} = 5{,}6 \cdot 10^{17}.$$

Durch Division erhält man

$$\frac{m_H}{\mu} = \frac{5{,}6 \cdot 10^{17}}{2{,}9 \cdot 10^{14}} = 1930 = \sim 2000 \quad . \quad . \quad (15),$$

so daß die träge Masse des negativen Elektrons etwa der 2000ste Teil von der eines Atoms Wasserstoff ist.

Ein wägbares Atom von so geringer Masse ist uns nicht bekannt; demnach erscheint es notwendig, die mechanische Masse des negativ elektrischen Atoms als verschwindend klein oder ganz gleich null zu setzen und den Betrag von

$$\mu = \frac{m_H}{2000} = \frac{10^{-24}}{2000} = 5 \cdot 10^{-28}. \text{ genauer } \mu = 5{,}3 \cdot 10^{-28} \quad (16),$$

einfach als Trägheit und als proportional der elektromagnetischen Masse des negativen Elektrons zu bezeichnen.

Es sei schon jetzt angedeutet, daß man in so kleinen Teilchen neuerdings die Urmengen der Materie vermutet, so daß man das Atom irgend eines Stoffes als einen Komplex von sehr zahlreichen Elektronen zu betrachten hätte, über deren positiven oder negativen Charakter erst unten gesprochen werden soll.

Die langsamsten Kathodenstrahlen hat man bisher bei 2500 V Potentialdifferenz beobachtet, was etwas weniger als $^1/_{10}$ Lichtgeschwindigkeit gab. Unterhalb dieser Differenz fanden bei den üblichen Geißlerschen Röhren elektrische Entladungen nicht mehr statt. Mit mehr als 36000 V Potentialdifferenz hat man bisher Beobachtungen nicht angestellt.

11. Weitere Bemerkungen über Kathodenstrahlen.

Nur beiläufig seien folgende Bemerkungen gemacht. Die kinetische Gastheorie berechnet auf Grund einfacher hypothetischer Annahmen Geschwindigkeit, Masse, Durchmesser, Weglänge, Stoßzahl der Moleküle. Bei dem Normalzustande (0^0 C und 1 at) haben Wasserstoff, Sauerstoff, Stickstoff, Kohlensäure die Molekulargeschwindigkeiten 1844 m, 461 m, 492 m, 392 m. (Im übrigen sind die Geschwindigkeiten proportional der absoluten Temperatur.) Die mittleren Weglängen bis zum Zusammenstoße mit anderen Molekülen sind $1855 \cdot 10^{-8}$, $1059 \cdot 10^{-8}$, $959 \cdot 10^{-8}$, $689 \cdot 10^{-8}$ cm; die sekundlichen Stoßzahlen $9480 \cdot 10^6$, $4065 \cdot 10^6$, $4735 \cdot 10^6$, $5510 \cdot 10^6$; die Durchmesser der Moleküle z. B. für Wasser $44 \cdot 10^{-9}$, für Kohlensäure $114 \cdot 10^{-9}$ cm usw. Die Volumina der Moleküle sind z. B. bei Wasserstoff 12 Quadrillionstel Kubikzentimeter, bei Sauerstoff 29 Quadrillionstel Kubikzentimeter bei einem Chlorion $66 \cdot 10^{-9}$ ccm usw. Dazu vergleiche man z. B. die kinetische Gastheorie von Boltzmann.

Untersuchungen entsprechender Art, die auf Maxwellsche Formeln gegründet sind, haben auch die Größen der Elektronen zu bestimmen gesucht. Dabei hat sich der Durchmesser des negativen Elektrons als der etwa millionste Teil eines Wasserstoffmoleküls herausgestellt, was $44 \cdot 10^{-15}$ cm geben würde. Genauere Zahlen sind der Zukunft zu überlassen.

Bei dem Durchgange der negativen Elektronen durch die verdünnten Gase Geißlerscher Röhren finden Begegnungen mit den Gasmolekülen statt. Die Zusammenstöße müßten, wie man vermutet, bei den Massenverhältnissen noch weit stärkere Ablenkungen geben als etwa bei Billardkugeln. Trotzdem beharren die Elektronen nach Richtung und Geschwindigkeit im allgemeinen in ihrer Bewegung. Man muß daher annehmen, daß diese Kugeln bei ihrem kleinen Kaliber die Gasmoleküle in der Regel glatt durchschlagen, ohne dabei wesentliche Einbuße an Geschwindigkeit zu erleiden. (Dadurch wird die Annahme derer unterstützt, welche die materiellen Moleküle als einen Komplex von Elektronen annehmen. Denn dabei ist das Durchschlagen weit leichter denkbar.)

Bei dem Geschwirr von Elektronen, die ja unter sich auch Zusammenstöße haben und von den Glaswänden zurückprallen, werden nun einzelne so langsam gegen die Gasmoleküle prallen, daß jenes glatte Durchschlagen nicht stattfindet, sondern Elektron und Molekül beisammen bleiben. Dann vollzieht sich Ionenbildung, d. h. ein Spalten der Gasmoleküle in positiv und negativ geladene Atome. Damit ist der Grundgedanke zu einer Theorie der Ionisierung der Gase bei der Bestrahlung durch Kathodenstrahlen gegeben. Zugleich aber liegt die Durchdringbarkeit der Kathodenstrahlen durch Aluminiumblech und andere Hindernisse auf der Hand. Mann kann sie z. B. durch solche Bleche aus der Entladungsröhre in die freie Luft gelangen lassen, die dann ebenfalls ionisiert und leitend gemacht wird. Man spricht daher von „Aluminiumfenstern".

Die durch Kathodenstrahlen in Fluoreszenz versetzten Stoffe verlieren nach längerer Bestrahlung einen Teil dieser Leuchtkraft. Entfernt man z. B. einen Gegenstand, der vorher Schatten warf, so zeigt sich die vorher dunkle Stelle plötzlich hell leuchtend. Gewöhnliches Röhrenglas fluoresziert grün, gewisse andere Glassorten (Kaligläser) blau. Kalziumsulfid leuchtet grün, Kalziumwolframat blau, das eine leuchtet stark nach, das andre schwach. Erwärmte Gase leuchten schwach. Auch auf lichtempfindliche Stoffe wirken die Kathodenstrahlen ein, sie sind überhaupt fähig zu chemischen Wirkungen.

12. Kanalstrahlen oder Anodenstrahlen.

Goldstein untersuchte die Anodenstrahlen in ähnlicher Weise wie man die Kathodenstrahlen untersucht hat. Er brachte die Kathode als Metallscheibe in der Mitte der Röhre an und durchbohrte sie durch einen Kanal, so daß die positiv geladenen Teilchen (Elektronen) durch den Kanal in den Rest der Röhre gelangten und Lichterscheinungen gaben, die entweder im Gas oder an den Glaswänden auftraten. Im Gegensatz zu den Kathodenstrahlen, die zunächst nur der Beharrung folgen, bilden die Kanalstrahlen, wie sie Goldstein nannte, ein kegelförmiges Bündel, breiten sich also in gewissem Grade aus, als ob die Teilchen eine abstoßende Wirkung aufeinander ausübten. Auch hier liegt Ablenkbarkeit vor. Diese ist aber weit schwächer als bei den Kathodenstrahlen, so daß man z. B. sehr starke Magnetfelder nötig hat, um sie überhaupt bemerkbar zu machen. Da, wie sich zeigen wird, die

Geschwindigkeit weit geringer ist, was die Ablenkbarkeit begünstigt, muß etwas Besonderes in den Massenverhältnissen liegen, wie sofort aus der Formel $g = \dfrac{p}{m}$ der Mechanik geschlossen werden kann. Das Ergebnis der Untersuchungen war höchst überraschend. W. Wien fand bei 30000 V Potentialdifferenz

$$\frac{e}{\mu_1} = 0{,}23 \cdot 10^{15},$$

woraus folgt: $\qquad \mu_1 = \dfrac{3 \cdot 10^{-10}}{0{,}23 \cdot 10^{15}} = 1{,}3 \cdot 10^{-24} \quad . \quad . \quad . \quad (17),$

was sogar etwas größer ist als $m_H = 1 \cdot 10^{-24}$ beim Wasserstoffatom! Dem entsprach eine geringere Beschleunigung und damit eine geringere Schlußgeschwindigkeit, nämlich

$$v_1 = 0{,}015 \cdot 10^{10} = \sim \frac{1}{200} \text{ Lichtgeschwindigkeit} \quad . \quad . \quad (18),$$

während bei derselben Potentialdifferenz die Kathodenstrahlen $^1/_3$ Lichtgeschwindigkeit, also etwa das 67fache erreichten. Bei diesem Beispiele war demnach die kinetische Energie die $\dfrac{2000}{67^2}$ fache oder $\dfrac{4}{9}$ fache von der bei dem entsprechenden Beispiele für Kathodenstrahlen berechneten.

Man wurde durch die auffallenden Abweichungen zu der Hypothese gezwungen, die positiven elektrischen Elementarmengen seien stets mit wägbarer Masse behaftet, sie könnten nicht, wie die negativen Elektronen, selbständig auftreten. Denn bei 2000facher Trägheit erschien jede andere Annahme unmöglich. Jedenfalls steht fest, daß die positiven Kanalstrahlen in weit höherem Grade Konvektionsstrahlen sind als die negativen Kathodenstrahlen, daß sie eine etwa 2000fache träge Masse mit sich zu schleppen haben.

Während bei den Kathodenstrahlen $\dfrac{e}{\mu}$ konstant war, ist bei den Kanalstrahlen $\dfrac{e}{\mu}$ veränderlich. Bei den am stärksten ablenkbaren Strahlen, die sich im Wasserstoffgas der Entladungsröhre bewegen, ist μ verhältnismäßig klein, und zwar gleich m_H. In diesem Fall ist es nicht unmöglich, daß die positiven Elementarmengen von Wasserstoffatomen getragen werden, daß sich also, wie bei der Elektrolyse, geradezu positive Wasserstoff-Ionen gebildet haben. Diese besondere Strahlenart bringt vornehmlich die Glaswand zur Erwärmung und zum Leuchten, während das Gas kaum leuchtet. Bei den schwächer ablenkbaren aber, bei denen die Schlußgeschwindigkeit etwa dieselbe ist, also, da größere Potentialdifferenz zu ihrer Erzeugung nötig ist, die Masse größer sein muß, leuchtet das Gas und nicht die Glaswand. Es wird also von vornherein an die Gasmoleküle Energie abgegeben und das Gas erwärmt, während für die Glaswand weniger Energie übrig bleibt.

Man sucht dieses verschiedenartige Verhalten so zu erklären, daß sich während des Vorganges $\dfrac{+e}{\mu_1}$ verkleinert, indem von jeder Ione negative Teilchen aufgenommen werden, so daß $+e$ vermindert wird, also zu demselben e dann eine größere Masse gehört. Es findet gewissermaßen eine partielle Neutralisierung statt.

Als homogen kann man ein Bündel von Kanalstrahlen nicht bezeichnen, denn es kann neben stärker ablenkbaren Strahlen auch schwächer oder fast gar nicht ablenkbare enthalten; nur die Geschwindigkeit der Strahlen jedes Büschels scheint für jede Potentialdifferenz einer besonderen Konstanten zu entsprechen.

Die Verhältnisse liegen also hier weit verwickelter und machen noch viele Beobachtungsreihen nötig, um volle Klarheit zu schaffen.

13. Lenardsche Strahlen.

Lenard hat beobachtet, daß bei Bestrahlung eines Metalles durch ultraviolette Strahlen von dem Metall Strahlen ausgehen, die als negative Konvektionsstrahlen zu betrachten und daher den Kathodenstrahlen verwandt und wie diese (elektrisch und magnetisch) ablenkbar sind, jedoch eine geringere Geschwindigkeit haben, die sehr weit herabgehen kann. Besonders in poliertem Zustande geben die Metalle dabei negative Elektronen ab. Je elektropositiver das Metall ist, um so stärker scheint es diese Eigentümlichkeit zu zeigen und um so längere Wellen zu geben.

Das ultraviolette Licht innerhalb der Strahlen einer Bogenlampe reicht hin, die Erscheinung hervorzurufen.

Da die Metalle dabei negative Elektronen aussenden, werden sie selbst gewissermaßen positiv aufgeladen, derartig, daß die Aussendung negativer Elektronen allmählich abnimmt. Diese Abnahme kann man aber verhindern, indem man das Metall negativ aufladet. Statt endlich das Metall negativ zu laden, kann man auch die Umgebung positiv aufladen. Es kommt also nur darauf an, das Metall auf ein niedrigeres Potential als die Umgebung zu bringen.

Lichtempfindliche Stoffe verlieren ihre negativen Ladungen bei ultravioletter Bestrahlung sehr schnell, weniger schnell bei Bestrahlung durch sichtbares Licht, noch weniger bei ultrarotem Licht. Man hat daher die Lenardschen Strahlen auch als photoelektrische bezeichnet. Je stärker das Licht von dem Metall absorbiert wird, um so stärker ist die photoelektrische Wirkung.

Der Vorgang der Lenardschen Strahlung ist theoretisch folgendermaßen aufzufassen: Durch die elektrischen Schwingungen des bestrahlenden Lichtes werden die im Metall befindlichen Elektronen in Schwingungen versetzt, die so heftig werden können, daß sich das Elektron aus dem Gesamtverband losreißt. Der Vorgang ist also ein ähnlicher wie beim Verdampfen oder Sieden einer Flüssigkeit unter zunehmender Erwärmung. Am stärksten ist bei schiefer Bestrahlung der Metallfläche die Ausstrahlung dann, wenn das auffallende Licht so polarisiert ist, daß die elektrische Kraft in der Einfallebene wirkt. Weit schwächer ist die Ausstrahlung, wenn die elektrische Kraft senkrecht dagegen wirkt.

Geschieht die Bestrahlung unter sehr geringem Gasdruck, so können die negativen Elektronen eine verhältnismäßig große Geschwindigkeit erreichen.

Für die Erklärung der Dispersion der Elektrizität, auch des sog. Zeeman-Effektes (Änderung der Farbe von Flammen und ihres Spektrums unter der Einwirkung eines magnetischen Feldes) usw., ist die gegebene theoretische Auffassung von Wichtigkeit.

14. Die α-Strahlen der Radiumstrahlung.

Bei der Radiumstrahlung hat man drei Arten von Strahlung beobachtet, die man als α-Strahlen, β-Strahlen und γ-Strahlen bezeichnet. Die α-Strahlen sind positive Konvektionsstrahlen, also verwandt mit den Kanalstrahlen; die β-Strahlen sind als negative Konvektionsstrahlen mit den Kathodenstrahlen verwandt; die γ-Strahlen sind mit den noch zu besprechenden Röntgenstrahlen so verwandt, daß sie vielfach als identisch mit ihnen betrachtet werden. Die γ-Strahlen sind nicht, wie die vorigen, Konvektionsstrahlen, sondern sie gehören, wenn man ihre noch nicht ganz sichergestellte Wellennatur annimmt, zu den reinen Wellenstrahlungen von Lichtgeschwindigkeit, und zwar haben sie dann wahrscheinlich noch kürzere Wellen als das äußerste ultraviolette Licht. Zusammengefaßt werden die Radiumstrahlen auch unter dem Namen Becquerelstrahlen.

Vorläufig handelt es sich nur um die α-Strahlen. Diese sind also positive Konvektionsstrahlen und wie die Kanalstrahlen magnetisch und elektrisch ablenkbar, jedoch in schwächerem Grade.

Des Coudres fand bei den Ablenkversuchen:

$$\frac{e}{\mu} = 0{,}19 \cdot 10^{15}, \text{ also } \mu = \frac{3 \cdot 10^{-10}}{0{,}19 \cdot 10^{15}} = 1{,}6 \cdot 10^{-24}. \quad (19)$$

Dies stimmt nahezu mit dem von Wien für die positiven Elektronen der Kanalstrahlen gefundenen Wert $\mu = 1{,}3 \cdot 10^{-24}$ überein. Als Geschwindigkeit fand Des Coudres:

$$v_1 = 1{,}65 \cdot 10^9 = \sim \frac{1}{18} \text{ Lichtgeschwindigkeit} \quad . \quad (20),$$

während Wien bei der starken Potentialdifferenz von 30000 V für die Kanalstrahlen nur $\dfrac{1}{200}$ Lichtgeschwindigkeit gefunden hatte. Die α-Strahlen haben also nach diesem Beispiel etwa eine 11 fach größere Geschwindigkeit als die schnellsten ihrer Verwandten, und auch daher sind sie schwächer ablenkbar.

Trotzdem zeigen sie ein auffallend geringes Durchdringungsvermögen. Ein Papierblatt reicht hin, ihren Gang aufzuhalten, so daß sie als stark absorbierbar zu betrachten sind.

Die α-Strahlen sind also als der positive und leicht absorbierbare Teil der radioaktiven Konvektionsstrahlung zu betrachten.

Es darf als bekannt vorausgesetzt werden, daß das Ehepaar Curie aus dem Uranpecherz zunächst das tausendfach stärker radioaktive Element **Polonium** absonderte. Dieses strahlt nur α-Strahlen aus und bringt z. B. einen Schirm aus Zinksulfid zur Fluoreszenz. Erst später gelang es diesen Forschern, einen zweiten Bestandteil, das **Radium**, abzusondern, welches alle Arten von Radiumstrahlen aussandte und durch bisher unbekannte Spektrallinien als neues Element erkannt wurde, das dem Baryum verwandt ist und das hohe Atomgewicht 240 zeigt.

15. Die β-Strahlen der Radiumstrahlung.

Diese Strahlen bedeuten eine negative Konvektionsstrahlung, die den elektrisch und magnetisch ablenkbaren Kathodenstrahlen verwandt ist. Ihre Ablenkbarkeit und ihr Durchdringungsvermögen sind aber weit särker, so daß sie sogar durch Bleiplatten von mehreren Millimetern Dicke dringen und durch sie hindurch den Baryumplatincyanür-Schirm dauernd zur Fluoreszenz, ohne das Hindernis sogar zu hellleuchtender Fluoreszenz bringen. Die β-Strahlen umfassen also den schwer absorbierbaren Teil der Radiumstrahlung.

Dieses Durchdringungsvermögen scheint, abgesehen von dem geringen Durchmesser der negativen Elektronen, mit der großen Geschwindigkeit zusammenzuhängen, die von $^2/_3$ Lichtgeschwindigkeit zu fast vollständiger Lichtgeschwindigkeit geht, während die verwandten Kathodenstrahlen sogar bei 36000 V Potentialdifferenz nur etwas mehr als $^1/_3$ Lichtgeschwindigkeit erreichen. Daß die Konstanz von $\dfrac{e}{\mu}$ bei einigen Strahlenarten durchaus nichts Selbstverständliches ist, zeigt sich bei den β-Strahlen, für die der genannte Ausdruck sehr veränderlich ist. Nach Versuchen von Kaufmann gehören folgende Werte zusammen:

v_1	$\dfrac{e^{*)}}{\mu}$	μ
$2{,}_{36} \cdot 10^{10}$	$393 \cdot 10^{15}$	$750 \cdot 10^{-30}$
$2{,}_{68} \cdot 10^{10}$	$351 \cdot 10^{15}$	$900 \cdot 10^{-30}$
$2{,}_{59} \cdot 10^{10}$	$292 \cdot 10^{15}$	$1000 \cdot 10^{-30}$
$2{,}_{72} \cdot 10^{10}$	$231 \cdot 10^{15}$	$1300 \cdot 10^{-30}$
$2{,}_{83} \cdot 10^{10}$	$189 \cdot 10^{15}$	$1500 \cdot 10^{-30}$.

---

*) Die Zahlen sind in elektrostatischen Einheiten gegeben; in elektromagnetischen erhält man sie durch Division mit $3 \cdot 10^{-10}$.

(Die zuletzt genannte Geschwindigkeit ist nahezu gleich der Lichtgeschwindigkeit $3 \cdot 10^{10}$.) Man erkennt:

Zu größeren Geschwindigkeiten gehört ein kleineres $\dfrac{e}{\mu}$. Auch daraus hat man den Schluß gezogen, daß μ, wie bei den Kathodenstrahlen, frei von jeder wägbaren Beimengung (deren Masse ja konstant sein müßte) und eine rein elektromagnetische Masse von geringer Trägheit sei. Bei den Kathodenstrahlen war $\mu = 530 \cdot 10^{-30}$, also etwas kleiner als hier, $\dfrac{e}{\mu} = 560 \cdot 10^{15}$ entsprechend größer.

Läßt man β-Strahlen durch ein magnetisches Feld gehen, so nehmen sie verschiedene Geschwindigkeiten an, und damit wird auch die Ablenkbarkeit verschieden. Die Strahlen verlieren also den homogenen Charakter vollständig.

Damit sind die beiden mit der Radiumstrahlung zusammenhängenden Arten von Konvektionsstrahlen erläutert. Radiumstrahlung findet auch bei den Salzen von Polonium, Thorium, Uranium und Aktinium statt. Auf die gasförmige Emanation des Radiums, deren Spektrum dem des Neons und des Kryptons verwandt ist, und die in überraschender Weise zum Helium in Beziehung steht, werde ich noch eingehen.

16. Röntgen- und γ-Strahlen und Übergang zur Spektralanalyse und zur elektromagnetischen Lichttheorie.

Die vielbesprochenen Röntgenstrahlen entstehen dadurch, daß Kathodenstrahlen bzw. die von ihnen mitgerissenen negativen Elektronen gegen eine Glaswand prallen, worauf die von Röntgen entdeckte Strahlung im Außenraum sich mit Lichtgeschwindigkeit fortpflanzt. Letzteres legt nahe, eine reine Wellenstrahlung, wie die des sichtbaren und unsichtbaren Lichtes anzunehmen. Ein wirklicher Nachweis der Wellennatur ist aber noch nicht geführt. Das Mittel der Einzelimpulse, um die es sich etwa handeln könnte, entspricht etwa einer Wellenlänge von der Ordnung $\lambda = 10^{-8}$ cm. Diese würde also noch kleiner sein als die der äußersten ultravioletten Strahlen, bei denen es sich etwa um $2 \cdot 10^{-5}$ handelt, soweit man sie bis jetzt beobachtet hat.

Die Energie dieser Strahlung ist sehr klein, und so kommt es, daß der Körper, auf den sie aufprallen, nur im geringsten Maße erwärmt wird. Nur mit den feinsten Hilfsmitteln kann man eine kleine Erwärmung wahrnehmen. Dafür besitzen diese Strahlen ein ganz bedeutendes Durchdringungsvermögen. Sie dringen durch dicke Holzschichten und verhältnismäßig dicke Metallplatten, bringen den jenseits dieser Hilfsmittel aufgestellten Schirm von Baryumplatinzyanür zu grüner heller Fluoreszenz und üben auf photographische Platten, selbst wenn diese mit Hindernissen umwickelt sind, die bekannten Wirkungen aus. Die Photographien von Knochen des durchleuchteten lebenden Körpers, von Knochenbrüchen, von Nadeln oder Metallkugeln, die in den Körper eingedrungen sind, kann man jetzt überall kennen lernen.

Auch wenn Kathodenstrahlen auf eine dichte Metallplatte treffen, gehen von dieser nach allen Richtungen Röntgenstrahlen aus. Eine solche Platte. z. B. aus Platin bestehend, ist als „Antikathode" in der birnenförmigen Röntgenröhre angebracht. Man läßt die Kathodenstrahlen unter 45^0 auf die Antikathode auffallen. Je stärker die Potentialdifferenz der Entladung und je geringer der in der Röhre wirkende Gasdruck ist, um so mehr nimmt die Durchdringungskraft der Röntgenstrahlen zu, um so „härter" werden sie genannt. Kann man aber den Gasdruck in der Röhre verstärken, so erhält man „weichere" Strahlen.

Fallen die Röntgenstrahlen selbst auf eine dichte Metallplatte, so sendet diese sekundäre Röntgenstrahlen diffus (büschelförmig) aus, die weniger durchdringend, also leichter absorbierbar sind als die primären.

Ultraviolettes Licht verzögert bekanntlich die Funkenentladung. Dasselbe tun die Röntgenstrahlen und deuten damit die vermutete Verwandtschaft mit dem ultravioletten Licht aufs neue an. In Gasen, die von Röntgenstrahlen durchstrahlt werden, tritt Ionisierung und damit verstärkte Leitfähigkeit auf, so daß die elektrische Ladung isolierter metallischer Körper entladen wird.

Ganz dieselben Eigenschaften zeigen die γ·Strahlen der Radiumstrahlung. Eine Energieberechnung des Radiums soll unten durchgeführt werden. Dabei soll die Energie der γ-Strahlen als geringfügig gegen die der α- und β-Strahlen vernachlässigt werden.

Theoretisch ist die Entstehung der Röntgenstrahlen folgendermaßen aufzufassen. Jedes Verstärken und Schwächen des elektrischen Stromes bringt die bekannten elektromagnetischen Induktionswirkungen hervor, und dasselbe ist mit dem plötzlichen Aufhören des elektrischen Stromes der Fall. (Umgekehrt bringt das Nähern oder Entfernen eines Magnets in einem benachbarten geschlossenen Draht Induktionsströme hervor, die in der Elektrotechnik zu so wichtiger Anwendung gelangt sind.) Sobald der Strom der mitgerissenen negativen Elektronen auf die Glaswand prallt, wird dieser „elektrische Strom" vernichtet; folglich müssen in der Umgebung elektromagnetische und elektrodynamische Induktionswirkungen auftreten, die nun ähnlich wie Funkenwellen in der Luft oder im Äther mit Lichtgeschwindigkeit fortgepflanzt werden. In schwächerem Grade geschieht dies bei jeder Geschwindigkeitsänderung der negativen Elektronen, zu denen besonders auch Schwingungen der Elektronen gehören. Die Theorie nimmt also an:

Jede Geschwindigkeitsänderung negativer Elektronen, besonders auch jede Schwingung der letzteren, ruft elektromagnetische Wellenstrahlung von Lichtgeschwindigkeit und damit auch Röntgenstrahlung und Lichterscheinungen hervor.

Umgekehrt behauptet die Theorie: Jede elektromagnetische Wellenstrahlung von Lichtgeschwindigkeit wird im allgemeinen durch Schwingungen negativer Elektronen hervorgerufen. Die Perioden der elektromagnetischen Wellen entsprechen dabei den Schwingungen der Elektronen.

Wenn also ein glühendes, d. h. leuchtendes Gas eine Reihe von Spektrallinien verschiedener Färbung aussendet, so finden, den verschiedenen Arten von Wellenlängen entsprechend, in den Molekülen der Lichtquelle ebensoviele verschiedene Schwingungsarten negativer Elektronen statt. Dies gilt auch von den unsichtbaren Lichtschwingungen des ultraroten und ultravioletten Spektrums.

(Die positiven Elektronen, die mit wägbarer Masse verbunden sind, also die etwa 2000fache Trägheit haben, scheinen bei gewöhnlichen Temperaturen viel zu plump und ungelenk zu sein, als daß sie Schwingungen machen könnten, die sich beispielsweise auf mehr als 700 Billionen in der Sekunde belaufen. Schwingungen der wägbaren Teilchen finden nur insofern statt, als sie von negativen Elektronen getroffen werden.)

Damit wird ein ganz neues Licht auf die Spektralanalyse geworfen, und damit sind wir von neuer Seite her wieder an den Eingang zur elektromagnetischen Lichttheorie gelangt.

Zunächst aber gestattet uns die Elektronentheorie, wie schon angedeutet wurde, die verschiedenen Arten der bis jetzt bekannten Strahlung in eine bequem zu übersehende tabellarische Ordnung zu bringen, wobei sowohl die Funkenwellen*) als auch die Röntgen- und γ-Strahlen (deren Wellencharakter wir als bestehend betrachten wollen) eine wesentliche Erweiterung des Spektrums geben, dem nun alle Strahlungen von Lichtgeschwindigkeit angehören.

Diesen rein elektromagnetischen Wellenstrahlen stehen dann die negativen und positiven Konvektionsstrahlen gegenüber, die nicht wie jene nach Wellenlängen, sondern nach den Geschwindigkeiten zu ordnen sind. Gewisse Lücken bleiben noch bestehen, und es ist der Zukunftsforschung zu überlassen, ob und inwieweit sie noch ausgefüllt werden können. Als Grenze der ultraroten Strahlen sind in der Tabelle die langwelligen Rubensschen Reststrahlen angegeben, die durch mehrfache Reflexion am Sylvin abgesondert werden können. Ihre Wellenlänge ist etwa 10^{-3}. Die durch Flußspat in entsprechender Weise mehrfach reflektierten Strahlen würden die halbe Länge haben, die mit Hilfe des Steinsalzes erhaltenen etwa fünf Sechstel der Länge. Mit diesen Reststrahlen ist das ultrarote Spektrum entsprechend ausgedehnt und die Lücke zwischen den ultraroten Strahlen und den Hertzschen Funkenwellen verkleinert worden.

----

*) Über die Hertzschen Funkenwellen habe ich in der „Zeitschrift des Vereines Deutscher Ingenieure" schon 1898 Seite 629 eingehend geschrieben und auch in meiner „Elementaren Potentialtheorie" (Leipzig, bei B. G. Teubner) ist über die elektromagnetischen Wellen und die elektromagnetische Lichttheorie berichtet und im Anhang das System der elektrischen und elektromagnetischen Einheiten zusammengestellt und zu den technischen Einheiten in Beziehung gesetzt.

17. Tabellarische Übersicht über die bisher bekannten elektrischen Strahlungsarten.

I. Wellenstrahlungen von der Lichtgeschwindigkeit $v = 3 \cdot 10^{10}$ cm, nach Wellenlängen λ geordnet.

Röntgen-strahlen und γ-Strahlen um $\lambda = 10^{-8}$ cm	Ultra-violettes Licht $2 \cdot 10^{-5}$ bis $4 \cdot 10^{-5}$	Sichtbares Licht $4 \cdot 10^{-5}$ bis $7 \cdot 10^{-5}$	Ultrarotes Licht $7 \cdot 10^{-5}$ bis $1 \cdot 10^{-3}$	Lücke	Kürzeste Hertzsche Funken-wellen von $\lambda = 0{,}6$ ab	Längste Wellen, von Wechsel-strömen der Elektrotechnik hervorgerufen

II. Negative Konvektionsstrahlen, nach Geschwindigkeiten geordnet.

Radioaktive β-Strahlen fast Lichtgeschwindigkeit bis $^2/_3$ davon	Lücke	Kathodenstrahlen			Lenardsche Strahlen $^1/_{10}$ Lichtgeschwindigkeit bis zu weit kleineren Geschwindigkeiten
		$^1/_3$ Licht-geschwindigkeit bei 36000 V Potentialdifferenz	bis	$^1/_{10}$ Licht-geschwindigkeit bei 2500 V Potentialdifferenz	

III. Positive Konvektionsstrahlen, nach Geschwindigkeiten geordnet.

Radioaktive α-Strahlen um $^1/_{18}$ Lichtgeschwindigkeit	Kanalstrahlen um $^1/_{200}$ Lichtgeschwindigkeit

18. Allgemeine Bemerkungen zur Elektronentheorie.

Schon in der Möglichkeit einer so bequem zu überblickenden Übersicht liegt ein großer Vorteil der Elektronentheorie, die den Weg zu neuen Forschungen geradezu anweist. Sie gibt eine Grundlage für experimentelle und theoretische Untersuchungen, die für die nächsten Jahrzehnte eine Periode überreicher Entdeckungen auf physikalisch-chemischem Gebiete versprechen, die auch auf die Elektrotechnik ihren Einfluß ausüben werden.

Ohne Elektronen kommt die Theorie nur aus im freien Äther, in dem sich die elektromagnetischen Wellenstrahlungen mit Lichtgeschwindigkeit fortbewegen. Dort braucht man nur mit zwei Vektoren, dem der elektrischen Erregung d und dem der magnetischen Feldstärke h, zu rechnen, so daß die Feldgleichungen von Hertz und Heaviside dabei ihre Geltung behalten. Für alle Untersuchungen aber, bei denen die nicht ruhende wägbare Materie in Frage kommt, ist die Annahme der Elektronen unentbehrlich geworden. Der Äther selbst wird als ruhend betrachtet; er ist der Vermittler aller Zustandsänderungen, ein Medium, welches alle Materie und auch die Elektronen durchdringt. Die Annahme, daß der Äther nicht durch die bewegten Körper mitgenommen wird, rührt übrigens, wie schon gesagt, von Fresnel her und hat sich auf dem Gebiete der früheren Optik, z. B. bei der Theorie der Lichtaberration und was mit dieser zusammeuhängt, wohl bewährt. Auch im Innern des Elektrons finden die Zustandsänderungen des Äthers statt, die Feldgleichungen müssen aber in einer Weise modifiziert werden, die von der Ladung und von der Bewegung der Elektronen abhängt. Zu den verfeinerten Formeln kommen dann noch solche, welche die vom Äther auf die Elektronen ausgeübten Kräfte und die von den letzteren hervorgebrachten Bewegungen der Elektronen angeben.

Die nicht geladenen Teilchen der Materie enthalten den Äther so, als ob er vollkommen frei wäre. Sie können auf die Erscheinung nur insofern von Einfluß sein, als sie Kräfte auf die Elektronen ausüben. Dies klingt wie eine Rückkehr zu den elektrodynamischen Anschauungen Webers, die auf Fernwirkungen und der Annahme von zwei elektrischen Flüssigkeiten beruhten. Von dieser Rückkehr kann aber nicht die Rede sein, denn es bleibt folgende Grundlage der Maxwellschen Ideen bestehen· „Alle elektromagnetischen Wirkungen geschehen unter Vermittlung des Äthers, und zwar in solcher Weise, daß im allgemeinen jede Änderung im Bewegungszustande der Elektronen einen Einfluß hat, der sich mit Lichtgeschwindigkeit ausbreitet." Auch handelt es sich in höherem Grade um Anklänge an den Standpunkt von Clausius als an den von Weber, jedenfalls aber auch an die von Riemann, C. Neumann und Betti gegebenen Hindeutungen auf Wirkungen, die sich zeitlich fortpflanzen, so daß das Potential nicht nur von der räumlichen Lage der Einzelmassen, sondern auch von deren Geschwindigkeiten abhängt. Den obigen Maxwellschen Satz aber wird man nach den unter 16 gemachten Bemerkungen in seiner ganzen Tragweite verstehen. In welcher Beziehung aber bringt die Elektronentheorie einen Fortschritt? H. A. Lorentz sagt:

„Während die Elektronentheorie für ruhende Systeme zu denselben Ergebnissen wie die Theorie von Hertz führt, besteht ein tiefgehender Unterschied, was die bewegten Systeme betrifft. Dieser zeigt sich darin, daß dem Prinzip von der Gleichheit der Wirkung und Gegenwirkung nicht mehr, wie bei Hertz, genügt wird, was damit zusammenhängt, daß die Erscheinungen nicht nur von der relativen Bewegung der betrachteten Körper, sondern von deren Bewegung in bezug auf den Äther abhängen*). Es besteht in dieser Beziehung zwischen den Hertzschen Anschauungen und der Elektronentheorie ein ähnlicher Gegensatz, wie zwischen den elektrodynamischen Grundgesetzen von Weber und Clausius. Überhaupt hat die Elektronentheorie manche Berührungspunkte mit den Entwicklungen von Clausius; nur fehlt bei diesem Physiker

---

*) Den Widerspruch mit dem Newtonschen Axiom von actio und reactio hatte Poincaré der Lorentzschen Theorie zum Vorwurf gemacht. Newtons Axiome aber entstanden in einer Zeit, in der die Fortpflanzung der Wirkungen in endlicher Zeit noch nicht bekannt war. Die Axiome bedürfen also einer Revision. Man bedenke z. B., daß, wenn von einem ersten Körper eine Aktion ausgeht, die nach endlicher Zeit einen zweiten trifft, etwa dieselbe Zeit nötig ist, um die Reaktion zum ersten zurückgelangen zn lassen. In der Zwischenzeit ist aber eine Geltung des Newtonschen Axioms wohl nur durch sehr komplizierte Annahmen zu ermöglichen. Auf keinen Fall aber paßt die Reaktion zu der gegenseitigen Entfernung, welche die Körper nach Ablauf der Zwischenzeit haben.

die Fortpflanzung der Wirkungen mit endlicher Geschwindigkeit." Das Prinzip der Energie bleibt bei Lorentz gewahrt.

Daß die Elektronen nicht als Punkte, sondern als räumlich ausgedehnt betrachtet werden, ist oben zahlenmäßig dargelegt worden. M. Abraham kommt mit der Kugelgestalt aus, während Lorentz auch andere Gestalten zuläßt. Lorentz nahm bisher die Elektronen als kompressibel an, so daß sie z. B. bei schneller Bewegung im Äther eine Abplattung erleiden, wodurch sich die Verteilung der elektrischen Ladung im Innern des kleinen Körpers ändert. Von dieser Ladung wird für den Ruhezustand angenommen, daß sie im Körper überall endlich sei und von der Mitte bis zu seiner Oberfläche hin stetig bis zum Werte Null abnehme.

In neuester Zeit hat übrigens Lorentz auf Grund der neueren Untersuchungen Kaufmanns die veränderliche Gestalt der Elektronen aufgegeben und ist so näher an den Standpunkt Abrahams herangerückt. Um so mehr wäre für die ältere Generation der Ingenieure und Fachlehrer zu wünschen, daß z. B. von dem Buche M. Abrahams eine Ausgabe veranstaltet würde, die statt der Vektoranalysis mit den gewöhnlichen Koordinatensystemen und Formeln der Geometrie und Mechanik arbeitete. Daß solche elementaren Betrachtungen möglich sind, ergibt sich aus den obigen Darstellungen und sei auch am nachstehenden Beispiele gezeigt, das sich auf die Lehre von den radioaktiven Strahlungen bezieht.

Es scheint ferner, als ob die Wärme in hohem Grade mit der Elektrizität Hand in Hand ginge. Denn erstens ist die strahlende Wärme nichts anderes, als unsichtbares Licht, also den Gesetzen der elektromagnetischen Lichttheorie unterworfen. Zweitens haben namentlich die Darlegungen des Abschnitts B gezeigt, daß die Leitung des elektrischen Stromes in den Metallen dem Gange der Wärmeleitung vollständig entspricht. Drittens ist bekannt, daß je besser ein Metall die Elektrizität leitet, um so besser es die Wärme leitet, und daß das Metall zugleich undurchsichtiger ist. Lorentz faßt den elektrischen Strom in Metallen als Konvektionsstrom auf. Sollte es mit der Wärmeleitung ebenso sein?

Lorentz macht in der Tat die Elektronen für die Wärmeleitung verantwortlich. Im Anschluß an Wiedemann, Franz, Jaeger und Diesselhorst stellt er die Verhältnisse der Leitungsfähigkeit $\varkappa$ für Wärme und σ für Elektrizität, also den Quotienten $\dfrac{\varkappa}{\sigma}$ für eine Reihe von Metallen fest, und zwar für die Temperaturen 18^0 und 100^0. Der Quotient der Verhältnisse für diese Temperaturen schwankt nur zwischen 1,32 und 1,18. Es scheint also eine nahe Verwandtschaft stattzufinden. Drude ist dieser Idee näher getreten und hat die Formel $\dfrac{\varkappa}{\sigma} = \dfrac{4}{3}\left(\dfrac{\alpha}{e}\right)^2 T$ aufgestellt, wobei T die absolute Temperatur bedeutet und α eine Konstante ist. Auch auf die Deutung des Hallschen Phänomens (Peltier- und Thomsoneffekt) und Boltzmannscher Formeln, auch für das Verhältnis von Emission und Absorption im Sinne Kirchhoffs ist diese Angelegenheit von Wichtigkeit. Sollte aber eine Identität zwischen geleiteter Wärme und Elektrizität wirklich vorhanden sein, die der Identität zwischen Licht und strahlender Wärme entspricht, so würde die Elektronenlehre von geradezu universaler Bedeutung werden. Lorentz, der die Drudesche Formel anzweifelt, schließt seine Betrachtungen mit folgender Tabelle:

Kleinste Elektrizitätsmenge (elektrostatisch gemessen)
$$= 10^{-19} \text{ Coulomb.}$$

$$\text{Konstante } \alpha = 1{,}6 \cdot 10^{-16}\, \frac{\text{Erg}}{\text{Grad}}.$$

Anzahl der Gasmoleküle in $1\,\text{cm}^3$ bei 0^0 und 1 atm. $3{,}5 \cdot 10^{19}$.
Masse eines Wasserstoffatoms $1{,}3 \cdot 10^{-24}$ g.
Elektrisches Elementarquantum $1{,}3 \cdot 10^{-20}$ elektromagnetische Einheiten.
Masse eines negativen Elektrons $7{,}4 \cdot 10^{-28}$ g.
Radius des negativen Elektrons $1{,}5 \cdot 10^{-13}$ cm.

Damit sei der Überblick auf eine reiche Fülle neuerer physikalischer Probleme, die nach Lorentz mit der Elektronentheorie verbunden sind, beschlossen.

Er sowohl, wie auch Föppl-Abraham, benutzen im Anschluß an Maxwell die Vektoranalysis. Der Inhalt des zweiten Bandes des letztgenannten Werkes sei teilweise kurz skizziert:

Es stellt fünf Grundgleichungen der Elektronentheorie auf, die sich mit dem Energieprinzip vollständig vertragen. Die Gleichung des letzteren läßt sich für das Feld bewegter Elektronen in Worten folgendermaßen aussprechen: Die Arbeit der elektromagnetischen Kräfte in einem Bereiche v, vermehrt um den elektromagnetischen Energiestrom, der durch die Grenzfläche f des Volumens v nach außen strömt, ist gleich der Abnahme der elektromagnetischen Energie des Bereiches. Die Arbeitsleistung der elektromagnetischen Kräfte und die Strahlung erfolgen beide auf Kosten der elektromagnetischen Energie.

Das Gesagte ist zunächst rein hypothetisch. Im Verlaufe der Betrachtungen aber werden weitgehende Folgerungen gezogen, die sich sämtlich durch Experimente bestätigen, so daß die Hypothese an Kraft gewinnt. Die Elektronentheorie macht bestimmte Voraussetzungen über die Eigenschaften der zunächst einzelnen Elektronen in leitenden, dielektrischen und magnetisierbaren Körpern. Durch Mittelwertbildung gelangt sie zu den Folgerungen für Bereiche, die eine große Anzahl von Elektronen erhalten, und schließlich erhält sie die Hauptgleichungen der Maxwellschen Theorie für ruhende Körper.

Während aber Maxwell und Hertz rein phänomenologisch verfahren, stellt die Elektronentheorie die Beziehungen der elektrischen Verschiebung und der Leitungsstromdichte zur elektrischen Feldstärke und die Beziehungen der magnetischen Feldstärke zur magnetischen Induktion anschaulicher dar und paßt sie vielfach besser der Erfahrung an.

Ein weiterer Unterschied zeigt sich darin, daß bei Maxwell und Hertz Kräfte nötig sind, die auf die Ätherelemente einwirken, während bei Lorentz die elektromagnetischen Kräfte nur auf Elektrizität einwirken. Dabei hat Abraham der Maxwell-Hertzschen Kraftkomponente noch eine Kraft

$$-\frac{1}{c^2}\frac{d\mathfrak{S}}{dt}$$ für die Volumeneinheit beizufügen, die er als eine „elektromagnetische Bewegungsgröße" einführt. (Weil nämlich der Ausdruck für die Energie geändert worden ist, muß auch der Ausdruck für die Kraft eine entsprechende Änderung erleiden.) Danach ist die resultierende elektromagnetische Kraft auf einen beliebigen Körper gleich dem über seine Oberfläche erstreckten Integral der Flächenkraft T vermindert um die zeitliche Zunahme der gesamten im

Innern des Körpers befindlichen elektromagnetischen Bewegungsgröße, oder

$$\mathfrak{K} = \int df\, T - \frac{d\,\mathfrak{G}}{dt},$$

wobei eben $\dfrac{d\,\mathfrak{G}}{dt} = \dfrac{1}{c^2}\dfrac{d\,\mathfrak{S}}{dt}$, also $\mathfrak{G} = \int dv\, \dfrac{c^2}{\mathfrak{S}}$ ist.

Handelt es sich um ein System beliebig vieler Körper, die in den Äther eingelagert sind, so fingiere man im Äther eine Fläche, die das ganze System einschließt. Auf dieser ist dann die fingierte Flächenkraft T angebracht zu denken. Dabei ist aber die elektromagnetische Bewegungsgröße sowohl im Innern der Körper, als auch in dem neuen Raumvolumen in Rechnung zu ziehen.

Denkt man sich die Fläche so groß, daß sie in dem Zeitintervalle, in dem der Vorgang sich abspielt, vom elektromagnetischen Felde nicht erreicht wird, so wird T gleich Null, und die Kraftgleichung geht über in die einfache Gestalt

$$\mathfrak{K} = -\frac{d\,\mathfrak{G}}{dt}.$$

Also: Die Gesamtkraft, welche das elektromagnetische Feld auf ein Körpersystem ausübt, ist gleich der zeitlichen Abnahme der elektromagnetischen Bewegungsgröße des gesamten Feldes.

Für solche in „elektromagnetischer Hinsicht abgeschlossene Körpersysteme" geht die ursprünglich kompliziertere Energiegleichung über in

$$\frac{dA}{dt} = -\frac{dW}{dt},$$

wo $W = \int \dfrac{dv}{8\pi}\,(\mathfrak{E}^2 + \mathfrak{H}^2)$ ist. Hier bedeutet $\mathfrak{E}$ einen elektrischen,

$\mathfrak{H}$ einen magnetischen Vektor, W, wie jede Arbeit A, einen Skalar. der als elektromagnetische Energie zu bezeichnen ist, womit sich zugleich die Bezeichnung von $\mathfrak{G}$ als elektromagnetische

Bewegungsgröße rechtfertigt (oder als elektromagnetischer Impuls des Feldes).

Ist nun E die gesamte Energie der wägbaren Körper des abgeschlossenen Systems, so ist der Zuwachs von E gleich der Arbeit der elektromagnetischen Kräfte, und so folgt

$$E + W = \text{Constans}$$

(was der bekannten Energiegleichung $T + U = c$ der Mechanik entspricht).

Nach den Lehren der Mechanik ist die zeitliche Zunahme des Gesamtimpulses $\mathfrak{B}$ der wägbaren Massen gleich der Resultierenden der äußeren Kräfte. Die mechanischen Wechselwirkungen gehorchen dem Newtonschen Prinzipe der Wirkung und Gegenwirkung, sie liefern also zur resultierenden Kraft keinen Beitrag. Der Impulssatz sagt also: Die zeitliche Änderung ist $\dfrac{dV}{dt} = \mathfrak{K}$, wo hier $\mathfrak{K}$ die resultierende elektromotorische Kraft (die äußere Resultante) ist. Setzt man dies in die Gleichung $\mathfrak{K} = \dfrac{dG}{dt}$ ein, so folgt $\dfrac{d\mathfrak{B}}{dt} = - \dfrac{dG}{dt}$ oder nach Integration $\mathfrak{K} + \mathfrak{G} = \text{Constans}$, oder: die Summe aus dem mechanischen Impulse der wägbaren Körper und dem elektromagnetischen Impulse des Feldes ist für ein abgeschlossenes System konstant.

Auf die Schwierigkeiten, die im übrigen mit dem Newtonschen Prinzip von actio und reactio zusammenhängen, ist schon oben aufmerksam gemacht.

Über die vielbesprochene Radiumausstrahlung mögen noch einige Mitteilungen gemacht werden.

19. Bemerkungen über die Radiumstrahlung und ihre Energie.

Nach Beobachtungen und Messungen von W. Wien strahlt 1 mg Radiumbromid sekundlich erstens $0{,}0087 = 87 \cdot 10^{-4}$ negative elektrostatische Einheiten in der Form von β-Strahlen aus. Da jedes Elektron mit $3 \cdot 10^{-10}$ solcher Einheiten geladen ist, werden sekundlich

$$\frac{87 \cdot 10^{-4}}{3 \cdot 10^{-10}} = 29 \cdot 10^{6} \text{ negative Elektronen}$$

ausgestrahlt. Nimmt man gemäß der allgemeinen Tabelle für die β-Strahlen als Mittel $^5/_6$ Lichtgeschwindigkeit oder

$$v = \frac{5 \cdot 3 \cdot 10^{10}}{6} = 2{,}5 \cdot 10^{10}$$

an, und setzt man nach der Kaufmannschen Tabelle als Mittelwert für die Masse dieser Elektronen $\mu = 1000^{-30}$ ein, so wird nach der Formel $T = \frac{1}{2} m v^2$ der Mechanik die kinetische Energie für diesen Teil der Ausstrahlung

$$T_1 = \frac{1}{2} (1000 \cdot 10^{-30}) \ (2{,}5 \cdot 10^{10})^2 \cdot 29 \cdot 10^6 = 90\,625 \cdot 10 \cdot 10^{-4}$$

oder $\qquad\qquad\qquad T_1 = 9{,}1 \text{ Erg.}$

Nach Wien strahlt dasselbe Präparat zweitens ebensoviele positive Teilchen sekundlich in der Form von α-Strahlen aus. Nimmt man nach Des Coudres als Mittelwert für die Masse $\mu = 1{,}6 \cdot 10^{-24}$, für die Geschwindigkeit $v = 1{,}65 \cdot 10^9$ an, so wird der zweite Teil der Energie

$$\frac{1}{2} (1{,}6 \cdot 10^{-24}) \ (1{,}65 \cdot 10^9)^2 \cdot 29 \cdot 10^6 = 0{,}8 \cdot 10^{-24} \cdot 2{,}72 \cdot 10^{18} \cdot 29 \cdot 10^6$$

oder $\qquad\qquad\qquad T_2 = 63{,}1 \text{ Erg.}$

Alle andre etwa vorhandene Strahlungsenergie verschwindet dagegen, und so erhält man als Energie für die gesamte sekundliche Strahlung

$$T = T_1 + T_2 = 72{,}2 \text{ Erg.}$$

Für 1 g ist die sekundliche Energie bereits das 1000 fache, so daß im Radiumbromid eine ganz bedeutende Energie aufgespeichert sein muß. Denn eine einfache Rechnung wird zeigen, daß das Präparat jahrtausendelang ziemlich stark ausstrahlen kann, ohne einen Energievorrat gänzlich zu erschöpfen. Bemerkt sei nur, daß die obige Rechnung nur ein roher Überschlag sein soll, der einen nur vorläufigen Einblick in die Haupteigenschaft der Radiumverbindungen und des Radiums selbst geben kann.

20. Energieverlust des Radiums bei vieljähriger Ausstrahlung.

Nach Curie und Runge ist das Atomgewicht des Radiums gleich 240, das des Broms bekanntlich 80. In 1 mg Radiumbromid befinden sich 0,6 mg Radium und 0,4 mg Brom, so daß $\dfrac{x\,240}{y\,80} = \dfrac{0,6}{0,4}$ das Verhältnis der Atomzahlen als $\dfrac{x}{y} = \dfrac{1}{2}$ und damit die Formel $R\,B_2$ gibt.

Da 1 g Wasserstoff 10^{24} Atome enthält, umfaßt 1 g Radium $\dfrac{10^{24}}{240}$ Atome, 240 g Radium also 10^{24} Atome.

Das Strahlende in der Verbindung Radiumbromid ist das Radium. In 1 mg der Verbindung befanden sich 0,6 mg Radium, und diese strahlten sekundlich $29 \cdot 10^6$ negative Elektronen aus. 240 g Radium strahlen demnach unter einer gewissen einfachen Annahme $240 \cdot 1000 \cdot 29 \cdot 10^6 = 116 \cdot 10^{11}$ Elektronen aus, auf jedes Atom kommen also $\dfrac{116 \cdot 10^{11}}{10^{24}} = 116 \cdot 10^{-13} = 11,6 \cdot 10^{-12}$ negative Elektronen Ausstrahlung in jeder der ersten Sekunden, oder es gehören $\dfrac{10^{12}}{11,6} = 8,6 \cdot 10^{10}$ Atome Radium dazu, um in der ersten Sekunde ein negatives (und zugleich ein positives) Elektron auszuscheiden. Nur die negative Ausstrahlung soll uns jetzt beschäftigen und dabei angenommen werden, daß ebensoviele Elektronen wie Atome vorhanden sind.

Wird von dem Bestand eines Kapitals c in jeder Sekunde der Bruchteil $\dfrac{1}{8,6 \cdot 10^{10}}$ weggenommen, so beträgt nach den Regeln der Zinseszinsrechnung nach t Sekunden der Rest nur noch

$$k = c\left(1 - \frac{1}{8,6 \cdot 10^{10}}\right)^t.$$

Findet aber in jeder $n$tel Sekunde der $n$te Teil der Wegnahme statt, so bleibt nur der Rest

$$k = c \left(1 - \frac{1}{n \cdot 8{,}6 \cdot 10^{10}} \right)^{nt}.$$

Nun ist aber $\left(1 - \dfrac{x}{n} \right)^n$ für $n = \infty$ gleich e^x, wo e die Basis der natürlichen Logarithmen ·ist. Da hier $x = -\dfrac{1}{8{,}6 \cdot 10^{10}}$ ist, bleibt bei ununterbrochener Abnahme der Rest

$$k = c \left(e^{-\frac{1}{8{,}6 \cdot 10^{10}}} \right)^t = c e^{-\frac{t}{8{,}6 \cdot 10^{10}}}.$$

Nach $t = 8{,}6 \cdot 10^{10}$ Sek. z. B. verbleibt also der Rest

$$k = c e^{-1} = \frac{c}{e} = \frac{c}{2{,}718 \ldots} = \infty \; 0{,}37 \; c,$$

oder 37 v. H. des Anfangskapitals. Rechnet man aber das Jahr zu $31 \cdot 10^6$ Sek., so ist dieser Rest in $\dfrac{8{,}6 \cdot 10^{10}}{31 \cdot 10^6} = \dfrac{8{,}6}{31} \cdot 10^4$ oder in 2770 Jahren erreicht.

Denkt man sich also das Radiumpräparat in einen Teil mit negativer und einen gleich großen Teil mit positiver Ladung dissoziiert, wobei auf jedes Atom ein Elektron kommt, so hat jeder Teil nach 2770 Jahren noch 37 v. H. seiner Ausstrahlfähigkeit behalten, während 63 v. H. verloren gegangen sind.

Die große Zeitdauer ist nichts Besonderes, sondern eine einfache Folge der Annahme, daß in jeder Sekunde stets der $8{,}6 \cdot 10^{10}$te Teil des jeweiligen Energiebestandes ausgestrahlt werde. Außerdem ist angenommen, die Abschleuderung erfolge auch nach Jahrtausenden mit derselben Geschwindigkeit, was ja noch gar nicht durch die Beobachtung bestätigt werden konnte. Endlich wird bei diesen Berechnungen nicht berücksichtigt, daß die Ausstrahlung doch auch von der abnehmenden Oberfläche abhängig ist. Anschaulicher ist daher folgende Betrachtung: Die 0,6 mg

Radium strahlten 72,2 Erg aus, der Energievorrat ist aber das $8{,}6 \cdot 10^{10}$ fache. In 1 mg Radium ist also eine Energie von

$$\frac{72{,}2 \cdot 8{,}6 \cdot 10^{10}}{0{,}6}\, \mathrm{Erg} = \frac{72{,}2 \cdot 8{,}6 \cdot 10^{10}}{0{,}6 \cdot 981 \cdot 10^5}\, \mathrm{mkg} = \frac{621}{589}\, 10^5\, \mathrm{mkg}$$

oder etwas mehr als 10^5 mkg aufgespeichert. Auf 1 g Radium kommt also eine Energie von etwa 10^8 mkg. Diese würde ausreichen, eine einpferdige Maschine

$$\frac{10^8}{75} = \frac{4 \cdot 10^8}{300} = \frac{4}{3}\, 10^6\, \text{Sekunden}$$

oder
$$\frac{4}{3}\, \frac{10^6}{31 \cdot 10^6} = \frac{4}{93} = 0{,}043\ \text{Jahre}$$

oder etwa $^1/_2$ Monat zu treiben, während 1 kg Radium eine 1000pferdige Maschine ebensolange im Gang erhalten könnte. Dadurch sind gewisse Übertreibungen richtiggestellt.

Der Energievorrat übertrifft trotzdem alles, was auf chemischem Gebiete bisher bekannt war. Nur die kosmische Physik kennt ähnliche Energiequellen, z. B. bei der Berechnung der Endgeschwindigkeit eines aus sehr großer Entfernung auf einen Fixstern fallenden Körpers, wenn die Masse des Fixsterns ein Vielfaches von der Masse unserer Sonne ist. Auf die Molekularkräfte, welche die im Innern des Radiums befindlichen Atome auf Jahrtausende zusammenhalten, wird bei jenen Rechnungen ein Licht geworfen, welches eine Revision der gesamten Molekularphysik notwendig machen dürfte.

Selbstverständlich sind langjährige Beobachtungen nötig, um solchen Rechnungen und Annahmen eine festere Grundlage zu geben. Rutherford nimmt an, die radioaktiven Atome seien instabile Formen der Materie. Jeder materielle Kern sei von Elektronen umgeben, die sich nach Art der kinetischen Wärmetheorie in heftiger Bewegung befinden und daher kinetische Energie besitzen. Damit hängt die Möglichkeit des Zerfalles solcher Komplexe zusammen. Durch den Zerfall entstehen die Erscheinungen der Radioaktivität. Es können also durch immerwährende Umwandlung auch neue Stoffe erzeugt werden, z. B. Niederschläge, sog. Emanationen, die andere Körper als radioaktiv erscheinen lassen.

Eigentlich hätte also auch die sog. Radiumemanation, jenes Gas, welches bei — 150⁰ C fest gemacht, also gereinigt werden kann und dann als Inhalt Geißlerscher Röhren bei den Funkenentladungen ein veränderliches Spektrum zeigt (das sich in einigen Tagen dem des Heliums annähert), mit in die Rechnung gezogen werden müssen. Der entsprechende Bruchteil der Energie ist aber so klein, daß er gegen das Hauptergebnis vernachlässigt werden kann. Auf diesen Punkt und einige andere näher einzugehen, scheint noch nicht an der Zeit zu sein. Die Physiker sind sich über den Gegenstand noch nicht einig. Jedenfalls würde die Bestätigung der Annahme, das Element Radium könnte sich in das Element Helium verwandeln, eine höchst folgenschwere Entdeckung sein, die sogar als eine Ehrenrettung der alten Alchimisten aufgefaßt werden könnte. Die notwendige Folge würde sein, die chemische Natur der verschiedenen Elemente zu leugnen und jedes Atom jedes Stoffes als eine Gruppe von elektrischen Elementarmengen zu betrachten. In der Tat haben O. Lodge und W. Wien den Versuch gemacht, eine rein elektromagnetische Begründung der Mechanik zu liefern. Danach würde es keine wahre Masse, sondern nur elektromagnetische Masse geben. Die Untrennbarkeit der positiven Elektronen von der wägbaren Masse hat z. B. zu der Vermutung geführt, die letztere einfach durch positive Elektronen zu ersetzen und diese Elektronenkomplexe in den Kampf mit den leichtbeweglichen negativen Elektronen eintreten zu lassen. Einige Engländer verfahren bereits nach der Formel: „Materie = negat. Elektron + Komplex posit. Elektronen." (Vgl. Fleming: Elektrische Wellentelegraphie. Deutsch von Aschkinaß. Leipzig bei B. G. Teubner.) Auch anderweitige Theorien sind aufgetaucht, auch Versuche, die allgemeine Gravitation auf entsprechenden Wege zu erklären. Auf die Lehre vom Lichtdruck sei nur beiläufig hingewiesen.

Wir gehen also Geisteskämpfen entgegen, die sich auf dem angedeuteten Gebiete abspielen werden. Die Anhänger der Lorentzschen Theorie sind der Überzeugung, daß, da sie weit mehr Erscheinungen in befriedigender Weise erklärt als jede der früheren Theorien, ihr nur unwesentliche Änderungen und Ergänzungen bevorstehen, und daß sie in ihrem wesentlichen Inhalt als ein eiserner Bestand in den künftigen Systemen fortbestehen wird.

Nur möge man nie außer acht lassen, daß es sich

bei allen solchen Theorien nicht um das wahre Wesen der Dinge handelt, sondern um Vorstellungsbilder, die im Grunde nur Veranschaulichungen sein wollen und lediglich den pädagogischen Zweck haben, dem Anfänger das Verständnis zu erleichtern. Die Theorie wird auf Grund neuer Beobachtungen von Jahrzehnt zu Jahrzehnt mit den Vorstellungsbildern zu wechseln haben, und niemand kann wissen, was der „ruhende Pol in der Erscheinungen Flucht" bleiben könnte. Eine abgeschlossene, alles umfassende Naturlehre, die ein getreues Abbild der Wirklichkeit gibt, ist ein unerreichbares Ideal. Daher mußte auch jeder voreilige Versuch einer Naturphilosophie kläglich scheitern. Auch in dieser Hinsicht gilt das von Dubois-Reymond aus anderen Gründen ausgesprochene „Ignorabimus", und die Aufgabe, auch nur die einfachsten Welträtsel zu lösen, gehört, wie z. B. auch manches Problem der Mathematik, zu den für uns Menschen unlösbaren.

F. Literarische Anmerkungen.

[1]) Diese und andere elementaren Rechnungen findet man z. B. in des Verfassers Buche: Die Potentialtheorie in elementarer Behandlung. Leipzig, bei B. G. Teubner. Höhere Rechnungen dagegen werden z. B. berücksichtigt bei P. G. Lejeune Dirichlet-Dr. F. Grube: Vorlesungen über die im umgekehrten Verhältnis des Quadrates der Entfernung wirkenden Kräfte. (In demselben Verlage, nach E. Heine „eins der besten Lehrbücher" über diesen Gegenstand.) Auf die bahnbrechenden Arbeiten von Poisson, Laplace, Gauß, Green, Riemann usw. kann hier nur hingewiesen werden.

[2]) Die Umsetzung von „lebendiger Kraft" in Wärme rührt wohl zuerst von C. R. Mayer, dem Heilbronner Arzte,' her. Fast gleichzeitig hat schon 1847 H. Helmholtz in dem berühmten Buche über die Erhaltung der Kraft in theoretisch vollkommenerer Weise denselben Gegenstand behandelt. Als Kuriosum sei erwähnt, daß es ihm erst durch Poggendorfs Vermittelung gelungen war, einen Verleger zu erhalten. Den Meteorregen, der nach Mayer die Erhaltung der Sonnenwärme erklären sollte, ersetzte Helmholtz später durch die innere Gravitationsarbeit des Nebelballes, aus dem sich durch Zusammenziehung die Sonne gebildet hat. Ritter hat sich eingehender mit entsprechenden Fragen beschäftigt. Über diese Theorien vergleiche man Dr. J. Scheiner: „Strahlung und Temperatur der Sonne", Leipzig, bei Wilh. Engelmann. Die Ausstrahlung der Sonne entspricht etwa 500 000 Trill. Pferdestärken. Da die Kontraktionsarbeit zum Teil in Wärme umgesetzt wird, die den Ausstrahlungsverlust zu decken hat, ergibt sich, daß eine Zunahme der Drehungsenergie, auf die Laplace seine Abschleuderungstheorie gründet, entweder für die Zukunft unwahrscheinlich ist, oder für die gesamte Vergangenheit unmöglich war. Dies wies ich in einem mehrfach gehaltenen Vortrage nach, aus dem die Zeitschrift Sirius (1904, Heft 4) einen Auszug brachte, der im Februar 1906 auch von der „Crefelder Zeitung" wiedergegeben wurde.

[3]) Über das logarithmische Potential und die zugehörige Literatur berichtet des Verfassers Werk: „Einführung in die Theorie der isogonalen Verwandschaften und der konformen Abbildungen." Leipzig, bei B. G. Teubner.

[4]) „Über einen Satz der Funktionentheorie und seine Anwendung auf isothermische Kurvensysteme und einige Theorien der mathematischen

Physik." Von Dr. Holzmüller. Mehmkes Zeitschr. für Math. u. Physik.
Bd. 42. 1897.

[5]) Über das Webersche Gesetz vergleiche man noch folgende
Literatur:

Seegers, Inaugural-Dissertation: De motu perturbationibusque plane-
tarum secundum legem electrodynamicam Weberianam solem
ambientium, Göttingen. 1864.

C. Neumann: Prinzipien der Elektrodynamik. Tübingen 1868.

G. Holzmüller: Über die Anwendung der Jacobi-Hamiltonschen
Methode auf den Fall der Anziehung nach dem elektrodyna-
mischen Gesetz von Weber. Inaugural-Dissertation, Halle 1870.
Auch in Schlömilchs Zeitschrift, Jahrgang 1870, abgedruckt.

Tisserand: Sur le mouvement des planètes autour du Soleil d'après
la loi électrodynamique de Weber. Comptes Rendues. 1872.

Zöllner:Über die Natur der Kometen. Beiträge zur Geschichte und
Theorie der Erkenntnis. 1872. Darin der Satz: „Die Bewegungen der
Himmelskörper lassen sich durch das von Weber für die Elektrizitäten gefundene Gesetz innerhalb der Grenzen unserer Beobachtungen ebensogut wie durch das Newtonsche Gesetz dar-
stellen." 1876 hat Zöllner versucht, das Webersche Gesetz allen
Bewegungserscheinungen der Materie zugrunde zu legen.

Servus: Untersuchungen über die Bahn und die Störungen der
Himmelskörper mit Zugrundelegung des Weberschen elektrodynamischen Gesetzes. Dissertation. Halle 1885.

Über das verwandte Gesetz von Riemann vgl. O. Liman:
Die Bewegung zweier materieller Punkte unter Zugrundelegung
des Riemannschen elektrodynamischen Gesetzes. Inaugural-
Dissertation, Halle 1886.

Über die Kritik des Weberschen Gesetzes gibt Wüllner,
Bd. IV, ausreichende Übersicht.

[6]) Als Fundamentalwerk benutze man: Maxwell, Lehrbuch der
Elektrizität und des Magnetismus. Ins Deutsche übersetzt von Wein-
stein. 2 Bände. Berlin, bei Julius Springer. Andere Werke sind:

V. von Lang: Einleitung in die theoretische Physik.

Poincaré: Elektrizität und Optik. Deutsche Ausgabe von Dr.
W. Jaeger und Dr. E. Gumlich. Berlin, bei Julius Springer.

H. Hertz: Untersuchungen über die Ausbreitung der elektrischen
Kraft. Leipzig, bei Barth, 1892. Dieses Buch bringt gesammelte
Abhandlungen und enthält wohl die ausführlichsten Mitteilungen
über die hierhergehörige Literatur.

H. Ebert: Magnetische Kraftfelder. Die Erscheinungen des
Magnetismus, Elektromagnetismus und der Induktion; dargestellt auf Grund des Kraftlinienbegriffs. Leipzig, bei A. Barth.

Galileo Ferraris: Wissenschaftliche Grundlagen der Elektrotechnik.
Deutsch von Dr. L. Finzi. Leipzig, bei B. G. Teubner.

Dr. H. Starke: Experimentelle Elektrizitätslehre. Leipzig, bei
B. G. Teubner.

[7]) Die hydrodynamische Wirbeltheorie findet man bei Helmholtz: „Gesammelte Abhandlungen". Ausführliche Darstellung gibt Kirchhoffs Mechanik, Bd. I. Leipzig, bei B. G. Teubner. Auch in meiner elementaren Potentialtheorie ist ein Überblick gegeben.

Dr. A. Föppl: Die Geometrie der Wirbelfelder. Leipzig, bei B. G. Teubner.

W. Gröbli: Spezielle Probleme über die Bewegung geradliniger paralleler Wirbelfäden. Inaugural-Dissertation. Göttingen. 1877.

[8]) Für die elektromagnetische Theorie des Lichtes ist maßgebend:

H. v. Helmholtz: Vorlesungen über die elektrodynamische Theorie des Lichtes, herausgegeben von A. König und Carl Runge. Hamburg, bei Leop. Voß.

Über die dabei zitierten Hertzschen Schwingungen vergleiche man das zitierte Werk von Hertz.

[9]) Über die Elektronentheorie sind in neuester Zeit folgende Werke erschienen:

H. A. Lorentz: Maxwells elektromagnetische Theorie und ihre Weiterbildung; Elektronentheorie. Bd. V, 2 der Enzyklopädie der math. Wissenschaften. Leipzig, bei B. G. Teubner.

Dr. A. Föppl und Dr. M. Abraham: Theorie der Elektrizität. Bd. I, 2. Aufl., u. Bd. II. Leipzig, bei B. G. Teubner.

Dr. A. Bucherer: Mathematische Einführung in die Elektronentheorie. Leipzig, bei B. G. Teubner.

Abraham (Henry) et Langevin (Paul): Les Quantités élémentaires d'électricité: ions, électrons, corpuscules. Un volume en deux fascicules grand in 8 (25 × 16) de XVI—1138 pages avec nombreuses figures; 1905 (Mémoires de la Société de Physique, 2e Série), 35 fr.

Dr. H. A. Lorentz: Ergebnisse und Probleme der Elektronentheorie. Vortrag. 2. Aufl. Berlin, bei Jul. Springer.

Dr. W. Wien: Über Elektronen. Vortrag. Leipzig, bei B. G. Teubner.

Dr. E. Riecke: Grundlagen der Elektrizitätslehre mit Beziehungen auf die neueste Entwickelung. Ferienkurs Ostern 1904 zu Göttingen. Leipzig, bei B. G. Teubner.

In die Vektoranalysis führen, abgesehen von Föppl-Abraham, folgende Werke ein:

A. H. Bucherer: Elemente der Vektoranalysis. 2. Aufl. Leipzig, bei B. G. Teubner.

R. Gans: Einführung in die Vektoranalysis. Leipzig, bei B. G. Teubner.

E. Jahnke: Vorlesungen über Vektoranalysis. Leipzig, bei B. G. Teubner.